Lieber Schatz,

ich hoffe dieses Buch macht dir

viel Freude!

Dein Dudel

 Weihnachten 2007

BMW
Raritäten

Ralf J. F. Kieselbach

BMW
Raritäten

Autos, die nie
in Serie gingen

Unser komplettes Programm:

www.geramond.de

Produktmanagement: Martin Distler
Schlusskorrektur: Janina Glatzeder
Satz/Layout: Elke Mader
Repro: Scanner Service S.r.l.
Umschlaggestaltung: Roman Schellmoser unter Ver-
wendung von Fotos von BMW und Ralf J.F. Kieselbach
Herstellung: Thomas Fischer
Printed in Italy by Printer Trento S.r.l.

Alle Angaben dieses Werkes wurden vom
Autor sorgfältig recherchiert und auf den
aktuellen Stand gebracht sowie vom Verlag
geprüft. Für die Richtigkeit der Angaben kann
jedoch keine Haftung übernommen werden.

Für Hinweise und Anregungen sind wir jederzeit
dankbar. Bitte richten Sie diese an:
GeraMond Verlag
Postfach 80 02 40
D-81602 München
E-Mail: lektorat@geramond.de

Die Deutsche Nationalbibliothek –
CIP-Einheitsaufnahme
Ein Titeldatensatz für diese Publikation
ist bei der Deutschen Nationalbibliothek erhältlich.

© 2007 GeraMond Verlag GmbH, München
ISBN 978-3-7654-7806-2

INHALTSVERZEICHNIS

Mit dem Flügeltüren-Coupé „turbo" präsentierte BMW im Olympiajahr 1972 einen Sportwagen, wie ihn sich viele Fans erträumt hatten.

Der Eingang des einstigen
BMW Werks in Milbertshofen
im Norden Münchens

Vorwort

Angefangen mit dem ersten, weitgehend unbekannten Gehversuch des Hauses BMW auf dem Autosektor anno 1922 (!), sollen in diesem Buch Sonderkonstruktionen und unerwartete Entwicklungen aus München ebenso dargestellt werden wie Arbeiten von Karossiers, Fremdherstellern und BMW-Freunden – alles unter der Prämisse einer engen Beziehung zur weiß-blauen Marke. Deshalb finden Sie auf den folgenden Seiten so ungewöhnliche Fahrzeuge wie den vierradgetriebenen, vierradgelenkten Typ 325 der späten 30er-Jahre ebenso wie reinrassige Rennfahrzeuge, deren M-Power sie zu großen Erfolgen antrieb.

Die BMW AG hatte ja schon immer ganz andere Schwerpunkte als „nur" Autos zu bauen; eine Firma, die ihre Herkunft aus der Luftfahrt nie verleugnet hat, wagte sich dann eben auch an Bootsmotoren, Raketentreibstufen und Gasturbinen.

Dazu gehören sicherlich auch manche Prototypen (ob nun fahrfähig oder nicht), die in dieser Form nicht weiterentwickelt oder produziert wurden und unverdienterweise, trotz ihrer technischen beziehungsweise stilistischen Besonderheiten, in Vergessenheit gerieten.

Alles in allem zeigen wir hier – schon aus Platzgründen ohne Anspruch auf Vollständigkeit – originelle Konstruktionen, die aber dennoch zu Recht den Stempel BMW tragen, geborgen aus den Tiefen der Archive und recherchiert in vielen Gesprächen mit Zeitzeugen.

Möge sich der interessierte Leser mit den Raritäten aus dem Hause BMW gut unterhalten und feststellen, dass Entwicklung, Design und Technik unter dem weiß-blauen Propeller-Logo schon immer ganz besondere „Schmankerln" für den Kenner und Feinschmecker geliefert haben.

In diesem Sinne wünscht Ihnen viel Spaß beim Lesen – und Entdecken
Ihr Ralf J. F. Kieselbach

Kapitel 1

Nutzfahrzeuge und Motorentwicklungen

Transporte aller Art

Ob für kleine oder große Transporte, für
Schwer- oder Leichtgewichte, Gelände oder
Schnelligkeit: Seit jeher kommen von BMW
Fahrzeuge und Motoren für jeden Bedarf

Nutzfahrzeuge der Vorkriegszeit

Die ab 1916 bis 1922 aus der stückweisen Verschmelzung zweier Flugmotorenwerke und nach Übernahme durch einen Bremsenbauer in München entstandene Firma BMW sah sich nach dem 1919 von den Alliierten erlassenen Verbot der Herstellung von Flugzeug-Aggregaten zwangsläufig nach anderen Geschäftsfeldern um. Es entstanden die ersten Einbaumotoren des Herstellers.

B. M. W.-Traktor beim Pflügen (Ein Handgriff bringt die Greifer in Arbeitsstellung).

MOTOR-PFLÜGE
Landwirtschafts-Motoren
BAYERISCHE MOTORENWERKE A.-G.
DRAHTANSCHRIFT „BAYERNMOTOR"   MÜNCHEN 46   DRAHTANSCHRIFT „BAYERNMOTOR"
Verkaufs-Abteilung in Berlin:
Hotel Bristol, Unter den Linden
Leiter der Verkaufsabt.: Motorpflüge u. Landwirtschafts-Motoren:
Carl Freiherr von Wangenheim.

1919: BMW Motorpflüge

Nicht sehr bekannt dürfte es unter BMW Liebhabern sein, dass diese vielseitige Firma auch an die Bedürfnisse der Landwirtschaft dachte. Obwohl nach dem Ersten Weltkrieg die Flugmotorenproduktion im Haus nicht mehr weitergeführt werden durfte, waren ja weiterhin die erstklassigen Fertigungsmöglichkeiten für Maschinenbau und Motorentechnik vorhanden, wie beispielsweise Gießereien, Schmieden und vieles mehr. Angeboten wurden damals in Inseraten neben Motoren für Automobile und Boote auch komplette Motorpflüge, wie wir hier anhand des abgebildeten Beispiels zeigen können. Nach unserem heutigen Sprachgebrauch hätten wir hier einen BMW Traktor vor uns – ein wahrhaft seltenes Produkt von der weiß-blauen Marke. Dass die Motorpflüge gefertigt wurden scheint wahrscheinlich, in welcher Anzahl, weiß heute jedoch niemand mehr genau zu sagen. Ebenso ist nicht mehr zu ermitteln, ob hier nur der Bayernmotor als Basis diente oder ob BMW das ganze Fahrzeug komplett entwickelte und tatsächlich auch herstellte. Leider ist offensichtlich keiner der BMW Motorpflüge bis in unsere Zeit erhalten geblieben.

1921: Lastwagen-Motoren

Unter den Motoren der frühen Zeit befand sich nicht nur der sogenannte Bayern-Kleinmotor (zum Beispiel als Typ M2 B30), sondern auch eine großvolumige Entwicklung, hervorgegangen aus Flugmotorkonstruktionen des Ersten Weltkriegs wie dem Typ IIIa. Dieser Vierzylinder-Block mit soliden 120 Millimetern Bohrung und 180 Millimetern Hub (= acht Liter Hubraum) wurde als „Bayernmotor" mit verschiedenen Leistungsdaten (als Typ M4 D 21), geeignet für Benzin- oder Schwerölbetrieb angeboten. Diese schon 1919 entstandene Basiskonstruktion wurde 1921 auf verschiedenen internationalen Messen der einschlägigen Industrie vorgestellt und diente sowohl als Bootsmotor als auch zum Antrieb von Nutzfahrzeugen wie Motorpflügen und Lastkraftwagen. Normalerweise wurden 45 PS Leistung bei 800 Umdrehungen, 60 bei 1.100

abgegeben. Dieser Motor hatte schon eine obenliegende Nockenwelle mit Königswellenantrieb und war damit der erste kopfgesteuerte Nutzfahrzeugmotor in Deutschland. Um das Aggregat auch für den preisgünstigen Petroleumbetrieb anbieten zu können, entwickelten die BMW Ingenieure einen eigenen BMW Schwerölvergaser, über den 1924 berichtet wurde. Diese Version war mit einer Ölheizung versehen und benötigte auch einen Wasserzusatz (!) speziell für sehr schwer belastete Maschinen wie zum Beispiel Bootsmotoren.

Der zweite Vergasertyp, besonders für Lastwagenmotoren bestimmt, besaß einen „Heizblock" und war wesentlich einfacher konstruiert. Die bayerische Postverwaltung verwendete diese Vergaser mit guten Resultaten in ihren MAN-Saurer-Personenomnibussen auf Bergstrecken in Oberbayern. BMW bot sie also nicht nur für eigene, sondern auch für fremde Motoren aller Art an.

Von der BMW Motorengrundkonstruktion wurden für die damalige Zeit mit ihren vielen Herstellern von Einbaumotoren größere Mengen hergestellt, wie wir einem Vertrag zwischen der BMW AG einerseits und Herrn Camillo Castiglioni als Großaktionär andererseits entnehmen können. Dieses Papier aus dem Jahre 1922 nennt immerhin konkrete Lieferzahlen und zwischen den Zeilen können wir auch Rückschlüsse über die Ausstattung der Motorenbauer lesen. So finden wir „die Einrichtungen des Konstruktionsbüros (sechs bis acht Tische und Schränke)" und in der Aluminiumgießerei „drei Schmelzöfen, zwei Formmaschinen, die vorhandenen Formkästen". Weiter

BMW Schwerölvergaser

De facto hatte der Schwerölvergaser drei Schwimmergefäße, eines für Benzin, eines für Petroleum und eines für Wasser. Nach dem Anlassen mit Benzin oder Benzol konnte etwa fünf Minuten später, wenn das Heizöl die nötige Temperatur erreicht hatte, auf Schwerölbetrieb umgeschaltet werden.

lesen wir von Modellen, Zeichnungen und Reklamematerial. In Paragraph 4 steht dann: „Es handelt sich um zusammen ungefähr 400 Lastwagen- und Bootsmotoren." Auch über die Kosten dieser Motoren im Inflationsjahr 1922 erfahren wir etwas: „Von den bereits fertigen und noch fertigzustellenden … Großmotoren sollen wöchentlich mindes-

… und der Aachener LKW
(acht Tonnen) von Goosens,
Lochner & Co., 1926.
In beiden Fällen mit
BMW Motor, der aus
acht Litern 45 PS schöpfte.

Und so fing alles an:
Bestattungsfahrzeuge
auf 6/24-PS-Chassis in
heißer Linie mit ab-
gerundetem Spitzheck.

Ein Auszug aus der
Eisenacher Zeitung
vom 12. Januar 1933.

Neuer BMW-Dreirad-Lieferwagen

Das Eisenacher BM-Werk erweitert seine Produktion

Während die Zweigniederlassung Eisenach der Bayrischen Motoren-Werke, München im Herbst und Winter 1931/32 infolge der allgemeinen Wirtschaftskrise die Belegschaft in Eisenach auf etwa 600 Personen vermindern mußte, ist es im vergangenen Jahre bis jetzt möglich gewesen, sie auf Saisonhöhe zu halten. Die Belegschaftsziffer liegt heute bei 1200 Personen. Daß dieser Stand gehalten werden konnte, ist vor allen Dingen einer Produktionserweiterung zu verdanken. Davon ausgehend, daß die Erweiterung des Absatzgebietes der beste Weg für den Geschäftsmann ist, seinen Umsatz zu steigern, haben die BMW. jetzt ein Fahrzeug herausgebracht, das bei geringsten Kosten eine große Leistungsfähigkeit besitzt.

Als unentbehrliches Transportmittel für alle Geschäftszweige hat BMW. einen 3-Rad-Lieferwagen — steuer- und führerscheinfrei — auf den Markt gebracht, der von jedermann, sofern er über 16 Jahre alt ist, ohne weiteres gefahren werden kann.

Bei der Konstruktion dieses Wagens, der in seiner gefälligen Linienführung und einfachen, aber geschmackvollen Lackierung schon jetzt das Straßenbild in Eisenach belebt, ist man davon ausgegangen, ein Beförderungsmittel zu schaffen, das auch von ungelernten Menschen sofort und leicht bedient werden kann. Die Hersteller des Wagens, deren Fabrikation im Oktober—November in Angriff genommen wurde, bei einer vorläufigen Auflage von 500 Stück, waren sich darüber klar, daß dieser fahrsichere Vorderlader mit 2 Autositzen ebenso gut und stabil auf der Straße liegen müsse, wie der bekannte vierrädrige Personenwagen. Im Betrieb mußte er die Wirtschaftlichkeit und Handlichkeit eines Motorrades besitzen. Der steuerfreie Lieferwagen kommt in Konstruktion und Ausführung gerade diesen hohen Anforderungen dadurch besonders nach, daß er für 100 Kilometer Fahrt nur 5 Liter Benzin — etwa für 2,— M. —

beansprucht. Ein weiterer günstiger Gesichtspunkt, den gerade der kleinere Geschäftsmann freudig begrüßen kann, ist folgender:

Der Brennstoffbehälter des Wagens faßt nur 8 Liter — genug um den ganzen Tag ununterbrochen zu fahren —, aber gerade so viel, um gesetzlich nicht garagenpflichtig zu sein.

Ein weiterer Vorzug des Lieferwagens sind die beiden bequemen, nebeneinander liegenden Autositze, seine vollkommene Schließbarkeit und letztlich die große Tragkraft von über einer halben Tonne. Maximal trägt er 13 Zentner. Als technische Neuheiten müssen Schwingarme,

Kardanantrieb, sowie Rückwärtsgang gewertet werden. Der BMW.-Dreirad-Lieferwagen ist nach Bedarf, je nach dem besonderen Verwendungszweck, mit Sonderausrüstung zu versehen. So kann z. B. der zwei Personen Platz gebende Führersitz vollständig wetterdicht abgeschlossen werden. Weitere Vorteile des Wagens sind: Unbedingte Kurvenstabilität als Vorderlader mit zwei vorne gelenkten Rädern. Stets senkrecht stehende Räder durch verwindungsfreien starken Stahlrohrrahmen. Völlig gekapselter Motorblock mit Autokupplung und Autolenkrad. Gebläsegekühlter gummigelagerter 4-Takt-Hochleistungsmotor. Ladefläche normal 1600×900, verbreitert 1600×1400.

tens zehn Stück vom Käufer abgerufen und gegen Lieferung bezahlt werden, und zwar mit M 50.000,- (Fünfzigtausend Mark) pro Motor." Vergleichsweise billig waren dagegen die Kleinmotoren beziehungsweise Einbaumotoren. Sie wurden Castiglioni bei Abnahme mit einer Anzahlung von M 15.000,- berechnet.

Sie sind offenbar in verhältnismäßig großer Zahl produziert worden, folgt man dem Vertragstext: „Die Verkäuferin ist verpflichtet, weitere ca. neunhundert Kleinmotoren fertig zu stellen und dem Käufer zu liefern, ferner darüber hinaus die Produktion der Kleinmotoren auf Wunsch des Käufers in bisherigem Umfange bis 31. Dezember 1922 fortzusetzen." Nur über die Verwendung der BMW Einbaumotoren für Lastwagen ist herzlich wenig überliefert, allenfalls zwei Firmennamen sind hier sicher zu lokalisieren. Dabei handelt es sich zum einen um die LKW der ÖKONOM-Großflächenwagen AG in Pirna, 1924 – 1925 als Sattelschlepper und Auflieger für zehn Tonnen Tragkraft hergestellt. Das zweite Beispiel ist die Firma J. P. Goosens, Lochner & Co. aus Brand bei Aachen, deren 4,5-Tonnen-LKW von 1924–1928, ausgerüstet mit dem großen BMW Motor und Soden-Vorwählgetriebe, produziert wurden.

1929: Dixi-Eillieferwagen

Die Herstellung von Nutzfahrzeugen hatte für die Eisenacher Automobil-Fabrik schon lange vor der Übernahme durch BMW Tradition. Bevor man in Eisenach den

Austin Seven in Lizenz herstellte, hatte es bei der damals zur Schapiro-Gruppe gehörenden Gothaischen Waggonfabrik und ihrem Ableger Fahrzeugfabrik Eisenach großvolumige Autos gegeben. Am bekanntesten war der Dixi 6/24 PS, außer dem es noch einen 3,5-Liter-Wagen unter dem Namen Dixi 13/60 PS gab. In Baugemeinschaft mit den zum Schapiro-Konzern gehörenden Cyclon-Werken wurde auch ein kleinerer Sechszylinder mit 2,4 Litern angeboten. Große Verbreitung dürften diese recht teuren Wagen allerdings nicht gefunden haben.

Auf diesen großen Chassis wurden „Lieferungswagen" angeboten, wie wir auf den Bildern zu diesem Kapitel recht gut sehen können. Insofern war es nicht weiter verwunderlich, dass nach Übernahme durch BMW weiter ein Dixi-Eillieferwagen angeboten wurde, nun auf dem nach Austin-Konzept gefertigten Chassis. Der kleine 750er-Motor hatte zwar einiges zu schleppen, aber „die Betriebskosten des BMW Eil-Lieferwagens, gemessen an seinen Leistungen, sind sehr gering. Etwa sechs Liter Benzin, höchstens 200 Gramm Öl, das ist alles, was er braucht, um eine Strecke von hundert Kilometern zu bewältigen." Soweit unser kleines Zitat aus dem damaligen Prospekt-Deutsch…

Dieses mit Hecktür und Dachträger ausgerüstete Fahrzeug von 450 Kilo Eigengewicht konnte bei totaler Ausnützung der Ladefläche gut sieben Zentner transportieren (Dixi 3/15 PS) und war deshalb in den damaligen, wirt-

Und hier ist er in seiner ganzen Schönheit, der Dixi-Eillieferwagen der Jahre 1929–1931.

Der Dixi DA1 dient hier als Dienstwagen für WMF-Berlin.

So sah das Fahrgestell mit eingebautem Motor aus.

Ein thüringischer Vorderlader im oberbayerischen Ambiente. Die Felgen dieses Schmuckstücks sind nicht original.

schaftlich schwierigen Zeiten durchaus die richtige Wahl für Behörden (seinerzeit noch sparsam!) und Kleingewerbetreibende.

Die stärkere Ausführung auf dem BMW Chassis 3/20 PS (hergestellt von 1932–34) wog 650 Kilo und trug immerhin über acht Zentner Last. Auch der ADAC mit seinem damals neuen Straßen-Hilfsdienst setzte auf den praktischen und im Unterhalt günstigen Transporter aus der Wartburgstadt. Alles in allem ist von diesem Lieferfahr-

zeug unter dem BMW Namen doch eine größere Anzahl hergestellt worden. In den frühen 80er-Jahren wurde eines dieser raren Fahrzeuge von einem Dixi-Liebhaber erworben und nach ausführlicher Restaurierung an das BMW Museum weitergegeben.

1932: Thüringer Dreiräder

Wofür der robuste BMW Motorrad-Motor nicht alles herhalten musste! Was Carl Borgward mit seinem „Blitzkarren" konnte, schaffte BMW natürlich auch. Das Rezept war einfach: Man nehme ein Motorrad, bestücke es wie beim Lieferfahrrad mit einer Hinterachse mit zwei Rädern und versehe das Ganze mit einem Transportaufbau – offen oder geschlossen. Fertig war das kostengünstige Transportmittel für kleine Gewerbetreibende, die sich in den Wirren der Weimarer Zeit kein richtiges Automobil leisten konnten. Ähnliche Dreiräder gab es auch von anderen Firmen. Bei BMW dachte man zu der Zeit offensichtlich pragmatisch, Firmenimage hin oder her, Hauptsache es kommt Geld in die Kasse und die Eisenacher Betriebsstätten sind ausgelastet.

Entwickelt hatte dieses Fahrzeug (Fahrgestell und Aufbau) Alfred Böning, der seit November 1931 Konstrukteur im BMW Konstruktionsbüro für Motorräder war. Mitgebracht hatte er die Idee von NSU, wo er seit 1930 tätig war. Alte Fotos zeigen dort ein Dreiradfahrzeug in höchst aktueller Stromlinienform mit offenem Fahrersitz. Der antreibende Motorradmotor mit eigenem Gebläse lag zwischen Fahrersitz und dem einzelnen Hinterrad.

Die besondere Idee der Eisenacher war nun aber, das BMW Dreirad mit der Ladefläche nach vorn zu bauen, was eben auch die zweirädrige Achse vorn bedingte. Offensichtlich was das aber ein Handicap, das den potentiellen Käufern zu schaffen machte, denn der Absatz dieser F 76 beziehungsweise F 79 getauften Typen ging schleppend voran, zwischen 1932 und 1934 wurden nur 600 Stück abgesetzt. Und das, obwohl BMW diverse Lastenaufbauten ab Werk anbot. Beispielsweise gab es, wie man dem Prospekt entnehmen kann, die Pritsche, einen geschlossenen Kastenaufbau, Ausführungen mit aufsteckbarem Dach oder geschlossener Führerkabine ebenso wie eine verbreiterte Ladefläche. An Leistung standen bei dem kleineren Typ F 76, ausgerüstet mit dem Motorrad-Motor der R 23, bei 200 Kubik rund sechs PS zur Verfügung, während der größere Typ F 79 immerhin als Basis die

Große Investition

Das kleinere Dreirad, Typ F 76 mit sechs PS, kostete 1.350 Mark, für das größere, Typ F 79 mit 14 PS, musste man 1.500 Reichsmark auf den Tisch legen – keine kleine Summe damals, wo ein Dixi DA 4 (1931/32) zwischen 2.175 und 2.575 Mark (je nach gewählter Aufbauform) kostete.

Ein Dixi des Jahres 1932 zeigt
seine Zähne – als die Reichswehr noch sparen musste!

R 35-Maschine besaß, die hier bei einem Hubraum von
340 Kubik 14 PS abgab.

Mindestens zwei dieser Dreiräder sind erhalten geblieben, davon befand sich eines in der nach dem Tode des
bekannten BMW Sammlers inzwischen aufgelösten, opu-
lenten Doi-Sammlung in Tokio. Es hatte ein langes Ar-
beitsleben in Bayern verbracht, wo es dann in eben diesem
Zustand sofort den japanischen Liebhaber fand.

Das andere Dreirad vom Typ F 76 befindet sich in res-
tauriertem und fahrfähigem Zustand in der Sammlung des
Automuseums Amerang in Oberbayern. Wir hatten Gelegenheit, es für dieses Buch zu „erfahren" und zu fotografie-
ren, wobei der Klang des BMW Einzylinders fast an einen
Motorroller à la Lambretta erinnerte. Nachdem der Prospekt eine Nutzlast „bis zu Maximum 13 Zentner" verheißt,
wagten wir eine kleine Fahrt durch den Ort. Dabei allerdings stellte sich heraus, dass Steigungen trotz fleißigen
Schaltens nicht die Domäne dieses Lastkarrens sind. Nachdem dieser Laster ein eigenes, aufwendig konstruiertes
Chassis nach Automobil-Art besitzt, ist das fahrfähige
Leergewicht schon so üppig geraten, dass die vorhandenen
sechs PS mit einem leichtgewichtigen Fahrer besser zurecht
kommen.

1932: Fahrzeuge für das Militär

Die Grundlagen der Bayerischen Motoren Werke lagen in
der Produktion von Flugmotoren für das Militär, und aus
dieser Startposition im Ersten Weltkrieg engagierte sich
Generaldirektor Franz-Joseph Popp immer in dem von
Konjunkturzyklen abgekoppelten Bereich der Militärproduktion. Allerdings war die Flugzeugproduktion nach
1918 ein unrentabler Zweig der großen Unternehmen geworden und der Motorenzulieferer BMW setzte folglich

Dieser kuriose Kübel-
wagen ist ein BMW 315,
den C. D. Magirus
in Ulm 1935 als Funkwagen
karossierte.

1932: THÜRINGER DREIRÄDER   17

Mit drei Rädern in den Krieg:
Auto-Feeling für den geplagten Kradfahrer dank Lenkrad und Karosserie. Clay-Modell aus der Designabteilung.

Der Gelände-BMW, hier noch sechsrädrig, bei Testfahrten. Chefkonstrukteur Fiedler (im weißen Kittel) zeigt gute Nerven.

auf Diversifikation, wie man das heute nennen würde, er machte aus dem Flugmotoren-Know-how eine neue Produktionslinie von Motoren für Nutzfahrzeuge aller Art. Durch die eigene Automobilproduktion ab 1928 angeregt, besann man sich zurück auf die Militär-Grundlagen. Eine enge Zusammenarbeit mit den zuständigen Stellen der Reichswehr begann. Fast alle Automobilhersteller damals sahen ihr Heil (und ein profitables Wirtschaften) ohnehin in der Militärproduktion. BMW machte also keine Ausnahme und es gab schon frühzeitig einen Verbindungsmann zur Reichswehr, der noch 1941 im Milbertshofener Werkstelefonverzeichnis zu finden war.

Die in den frühen Jahren noch erheblich unter Geldnot leidende Reichswehr rüstete einfach und effizient auf. Denn die hier gezeigten Maschinengewehr-Fahrzeuge von 1932 sind handelsübliche Eisenacher Dixis, denen man nur eine feldgraue Lackierung und ein angeschraubtes Maschinengewehr verpasst hat – kostengünstige Aufrüstung mit leistungsfähigen Kleinwagen lautete hier wohl die Devise.

Auch in späteren Jahren wurden immer wieder handelsübliche BMW Fahrzeugtypen, nur leicht modifiziert, in Dienst gestellt – wie der Funkwagen auf Basis des Typs 315 (1935). Effektive Geländegängigkeit durch Allradantrieb gab es nicht, ein militärisch aussehender Aufbau musste genügen. Und diese reine Zweck-Karosserie fertigte ausgerechnet der alteingesessene Omnibus- und Feuerwehrwagenhersteller C. D. Magirus in Ulm. Ähnliche Aufbauten lieferte Magirus damals auch, wie alte Kommissionsbücher bezeugen, an die hannoversche Hanomag, wie auch die ganze deutsche Fahrzeugindustrie zu der Zeit von zaghafter Aufrüstung profitierte. Erst in den späten 30er-Jahren erkannte das Heereswaffenamt in Berlin den Wert spezieller Fahrzeugkonstruktionen für rein militärische Zwecke, und eben damals wurde der erste ausschließliche Militär-PKW entwickelt, der als Typ 325 auch von der BMW AG gebaut wurde.

Viele Fahrzeughersteller mussten ihre Entwicklung in Kriegszeiten auf Militärfahrzeuge umstellen, so auch BMW. Alexander von Falkenhausen als Motorkonstrukteur entwickelte so den „Rutscher", einen besonders niedrigen Kleinpanzer, ausgerüstet mit einem leichten Zwillingsgeschütz. Dieses Fahrzeug hatte im Heck den Sechszylindermotor der großen Limousine 335, allerdings liegend eingebaut. Von einer Serienproduktion wird nichts berichtet.

Ein Bild von der Auslieferung der Nachkriegsversion 325/3 für die Volkspolizei, 1952 in Eisenach aufgenommen.

1937: Der BMW 325 mit Allradlenkung und Allradantrieb

Ähnlich wie Daimler-Benz mit dem G 4 stellte auch BMW in den 30er-Jahren einen echten Geländewagen her, nachdem früher schon sogenannte Kübelwagen auf Basis der Typen 309 oder 315 produziert wurden. Diese Kübelwagen sahen allein durch das Weglassen einer üblichen Karosserie militärisch aus, ohne technisch dem neuen Verwendungszweck angepasst zu sein. Das neue Fahrzeug war eine Einheitskonstruktion, denn die deutsche Wehrmacht hatte bei Stoewer in Stettin eine Geländewagenkonstruktion in Auftrag gegeben, deren Herstellung aus Kapazitätsgründen sowohl an Hanomag als auch an BMW weitergegeben wurde. Bei allen drei Firmen wurden ähnlich leistungsstarke Motoren entsprechend der Ausschreibung des Reichswehrministeriums verwendet, im Fall von BMW der Zweiliter-Sechszylindermotor des Typs 326 mit einer Nennleistung von 50 PS. Dieser Typ 325, wie er bei BMW intern hieß, besaß sowohl die Vierradlenkung als auch den Vierradantrieb, die beide bei Stoewer entwickelt worden waren. Als Vorgaben für die Konstruktion waren aus dem Heereswaffenamt in Berlin sehr genaue Angaben gemacht worden, was leider zu einer (eigentlich) unbrauchbaren Konstruktion führte. Das kleine Fahrzeug brachte mit über 1,7 Tonnen viel zu viel Gewicht auf die Waage. Zwar waren angeblich 80 Stundenkilometer Spitzenge-schwindigkeit möglich, aber der Verbrauch war horrend. Von 1937 bis 1940 stellte BMW von diesem Typ genau 3.225 Exemplare her, die zum „Behördenpreis" verkauft wurden. Dabei produzierte man die Fahrgestelle (eigentlich eher Bodengruppen) in Eisenach. Angeblich wurden die Karosserien bei Baur und Reutter in Stuttgart gefertigt, aber das lässt sich nicht mehr belegen. In diesen 3.225 Stück inbegriffen waren auch als Jagdwagen an Privatleute verkaufte Fahrzeuge, beispielsweise wurde ein Wagen an König Carol II. von Rumänien geliefert. Später im Krieg wurde diese Einheitskonstruktion durch den KdF-Kübelwagen abgelöst, der bekanntlich nur mit den 23,5 PS seiner Vierzylinder-Boxermaschine aus dem Hause Porsche glänzte. Aufgrund der erheblich geringeren Masse, die er mit sich herumschleppen musste, galt er als nahezu unverwüstlich.

Erstaunlicherweise wurde der 325 nach dem Krieg noch einmal wiederbelebt, denn die Volkspolizei der DDR legte um 1952 Wert auf Geländewagen aus Eisenach. Ganze 161 Exemplare dieses inzwischen als Typ 325/3 bezeichneten Wagens wurden produziert – unsere Bilder zeigen die mühselige Auslieferung, insofern das Eisenacher Werk zwar parallel zur Bahnlinie steht, aber nie einen direkten Bahnanschluss besaß. Heute ist dieser Geländе-BMW sehr gefragt; nur wenige Exemplare haben überlebt und befinden sich in Sammlerhänden.

Nutzfahrzeuge nach dem Zweiten Weltkrieg

Fahrzeuge und Motoren für die unterschiedlichsten Einsatzzwecke waren kein Tabu in München-Milbertshofen. Ob Sonder-Isetta, Mini-Van, Jagdwagen oder kleiner Spezial-Transporter, bei BMW beziehungsweise mit Unterstützung von BMW gab es alles – bis hin zum Reisemobil und zum Edel-Kombi. Selbst Kranken- und Bestattungsfahrzeuge waren „BMW-getrieben".

Und ist die Ladefläche noch so klein, es geht wohl doch ein Koffer rein …

1948: Mikafa – westfälisch-bayerisches Reisemobil

Am 19. Juni 1948 wurde beim Amtsgericht Minden in Westfalen unter der Nr. HRB 250 die Firma Mikafa einge-

Komfort-Mobil

Die Modelle des Reisemobils „De Luxe" nach 1957 wurden vom V8-Motor von BMW angetrieben, womit ein laufruhiges und komfortables Dahingleiten möglich wurde. Die Presse schwärmte seinerzeit: „Die zweckmäßige Inneneinrichtung ist wie bei allen MIKAFA-Fahrzeugen bis in die letzte Einzelheit ausgefeilt und komfortabel gestaltet."

tragen, die Mindener Karosserie- und Fahrzeugbau GmbH. Dahinter steckte die Familie Peschke, Otto und Manfred, nebst ihrem Mitgesellschafter Kurt Bruland. Karosseriebau für LKW, Omnibusse und KFZ wollte man betreiben, so die Selbstauskunft. Auch an Reparaturen sowie die Anhänger- und Kleinfahrzeugherstellung hatte man gedacht. Bekannt wurde man allerdings durch die Herstellung von Reisemobilen. Diese Fahrzeuggattung steckte in den 50er-Jahren noch in den Kinderschuhen. Die Mindener hatten ihre Kleinbusse von sieben Metern Länge in zeitgemäßer Rundlichkeit aufgebaut und diese Formgebung schrie geradezu nach einem Heckmotor. Der Firma konnte geholfen werden. Bei den Bayerischen Motoren Werken gab es die ausgereiften Sechszylinder-Motoren der 501-Modelle. Diese wurden zum Antrieb des Reisemobils „De Luxe" erkoren. Mittels einer kurzen Kardanwelle trieb man die zwillingsbereifte Hinterachse an. Bei den 1957er-Modellen war das zum Beispiel der Motor vom Typ 501 B, dessen 72 PS für ausreichend Vortrieb sorgten. Später ging man dann in Minden auch zum V8-Motor aus Bayern über. Die letzten uns bekannten Mindener Wohnmobile, durch die gleiche Grundoptik für den Kenner sofort als Mikafa zu identifizieren, bedienten sich eines Trieblings vom Matador-Kleinbus. 1959 wurde die Mindener Firma gelöscht, um teilweise von der Peschke Flugzeugwerkstätten KG, ebenfalls in Minden, übernommen zu werden. Diese Firma wiederum wurde 1975 neueingetragen in Rinteln i. Westfalen, um 1982 endgültig nach Porta Westfalica umzuziehen.

1957: Isetta-Varianten

Wenn die Mutter Iso und das Kind Isetta heißt, dann wird die italienische Herkunft deutlich. Dass unsere kleine Isetta wuchs und gedieh und in vielen interessanten Kleidchen zu sehen war, verdankt sie ihren Schöpfern, den findigen Konstrukteuren im Hause BMW.

Vielleicht hätte das Kind um ein Haar Westfalia-Mobil oder ähnlich geheißen, denn die Gebrüder Knöbel, In-

haber der bekannten Wohnmobil-Firma „Westfalia", hatten frühzeitig die Idee, sich die Lizenz für das knubbelige Ei zu sichern und es im westfälischen Rheda-Wiedenbrück in Serie zu bauen. Sie hatten anno 1953 auf der Turiner Messe sogar ein Exemplar gekauft und gen Norden bewegt, um sich am Ende dann aber doch gegen eine (zu aufwendige) Serienproduktion zu entscheiden. Solch eine Isetta steht heute noch im Westfalia-Werksmuseum.

Bekannt ist die Geschichte der Düsseldorfer Firma Hoffmann, die eine Isetta ohne Genehmigung als Hoffmann-Kabine produzierte als BMW schon die Lizenz angekauft hatte. Wir wollen uns in diesem Kapitel aber etwas näher mit den interessanten Kleidern der kleinen Isetta beschäftigen.

Sehr nutzbetont zeigte sich die Isetta als Pritschenwagen, der tatsächlich regulär ab Werk erhältlich war. Eine ähnliche Idee hatte die Berliner Karosseriefabrik Buhne, die seit den frühen 20er-Jahren existierte und damals schon Kleinserien von Sonderaufbauten auf Dixi anbot (ähnlich wie es Weinberger und Reutter taten). Bei Buhne hatte man um 1957 herum eine Art Kofferaufbau für die Pritschen-Isetta entwickelt. Eine größere Anzahl dieser Buhne-Koffer wurden auch hergestellt. Ähnliches gab es übrigens in England zu bestaunen, wo der RAC (Royal Automobile Club) seine Services per Isetta mit Werkzeugkoffer anbot. Der uniformierte Straßendienstmann, noch

mit militärischen Schnürstiefeln ausgerüstet, führte in seiner kleinen Isetta alles benötigte Pannen-Material im Koffer mit sich. Und dass man ausgerechnet die Isetta wählte, ist sicherlich auf die Ausgereiftheit ihrer Konstruktion zurückzuführen. Außerdem genoss BMW, vor dem Krieg ja von Frazer-Nash in Lizenz produziert, einen ausgezeichneten Ruf in England.

Nur ein Einzelstück dagegen blieb ein Traktor auf Isetta-Basis, wie er anno 1967 in der BMW Kundenzeitschrift vorgestellt wurde, gebaut aus privater Initiative für die

Dieser radikale Van-Entwurf von 1953 (!) entstand nicht in der Entwicklungsabteilung.

Dass für Hanns Grewenig,
kaufmännischer Vorstand der
BMW AG, ein eigener „Jagdwagen II" angefertigt wurde,
sorgte nicht nur für Freude
bei dem Hersteller. Als die
Rechnung der Karosseriefirma
Wendler eintraf, soll es inter-
ne Auseinandersetzungen
a) ob der Rechnungshöhe und
b) ob der privaten Bestellung
auf Firmenkosten gegeben
haben!

Sehr viel professioneller trat die Isetta als Caddy auf: BMW wohlgesonnene Golf-Sportler konnten mit einer zum Caddy-Wagen umgebauten Isetta über das Green kutschieren. Hiervon wurde tatsächlich eine größere Serie verkauft.

Im Hause BMW zeigte man sich immer wieder erfinderisch, wenn es um die Weiterentwicklung der Isetta ging. So finden wir auf einem vergilbten Foto den stolzen Direktor Donath neben seinem Konstrukteur stehen. Beide betrachten sinnend ihr neuestes Kind, eine Art Jagdwagen auf dem Isetta-Chassis, das ein klassischer Rahmen-Unterbau war. Nachdem sich bei Jagd- und Naturtreiben ohnehin alles im Freien abspielt, benötigt eine Jagdwagen-Isetta wirklich nur wenig Material für ihren Aufbau, wie man deutlich auf dem Foto erkennen kann. Der Wagen ging nicht in Serie.

Ebensowenig serientauglich war der um das Jahr 1953 von Paul Lang entwickelte Stadtwagen. Wieso Lang, der in der hauseigenen Werbeabteilung für die grafische Gestaltung diverser Werbematerialien zuständig war, von Dr. Krüger aus der Abteilung Verkauf beziehungsweise Export damit betraut wurde, Vorschläge für eine Art einfach herzustellenden kleinen Stadtwagen mit Hecktriebsatz zu machen, lässt sich nicht mehr nachvollziehen. Sicher ist allerdings, dass hier hochinteressante Überlegungen für eine Art Mehrzweckauto gemacht wurden, und das zu Zeiten, in denen solche multifunktionalen Fahrzeuge noch gar nicht gebräuchlich waren. Dass die vielseitige Isetta auch der Deutschen Lufthansa und in manchen Orten der dortigen Polizei hilfreich zur Hand ging, ist hinlänglich bekannt und wird an dieser Stelle nicht weiter ausgeführt.

Gartenpflege. Es gab noch andere: Ein bekannter Sammler hatte vor kurzem per Telefon einen mutmaßlichen Vorkriegs-Traktor gekauft, der sich bei der Anlieferung als BMW 315 entpuppte, dem man das Chassis brutal verkürzt, den Nieren-Grill belassen und statt des kleinen Sechszylinder-Motors ein Einzylinder-Motorrad-Aggregat verpasst hatte. Dahinter gab es, etwas verloren, einen einzelnen Sitz, dann kam die Hinterachse und das war auch schon alles. Eine Karosserie in diesem Sinne war gar nicht erst vorhanden – was braucht man außer Kühlergrill, Motor, Rahmen und Sitz noch? Dieses rudimentäre Stück Auto hatte seinen Weg zu uns offenbar aus dem Osten gefunden, wo der pflegliche Umgang mit Oldtimern den Erfordernissen des Alltags weichen musste.

Isetta-Jagdwagen –
zum Wohlgefallen des
Herrn Direktor!

1958: Der Jagdwagen

Auch die vergrößerte Isetta, der Typ 600, wurde in Milbertshofen zweckentfremdet. Ob man hierbei an einen Serienbau gedacht hatte, lässt sich heute nicht mehr nachvollziehen. Jedenfalls sah der 600er-Pritschenaufbau ähnlich wie jener der kleinen Isetta aus. Ältere Mitarbeiter pflegen sich gerne daran zu erinnern, dass diese kleinen Transporter überwiegend im internen Werksverkehr eingesetzt wurden, ähnlich wie sich Ettore Bugatti in seiner Fabrik für denselben Zweck Elektrokarren baute. Dass die 600er-Mini-Transporter verkauft worden wären, lässt sich nicht nachweisen. Ganz sicher nur ein Exemplar entstand

In Wald und Flur, bei Ämtern und Behörden immer schnell und wendig, immer zuverlässig.

Durch Aufklappen des Verdecks läßt sich das BMW Farmobil in einen attraktiven Marktstand verwandeln.

Zum Befördern von Sperrgut werden ein flacher Stahlblechboden und umlaufende Holzpritschen aufgesetzt.

Unentbehrlich bei der Feldarbeit durch kräftigen Motor, Einzelradaufhängung und Sperrdifferential.

In der Woche nützlich bei der Arbeit, am Wochenende, bei Camping und Urlaub ein gutgelaunter Kamerad.

Auch als stationärer Motor zum Betrieb einer Melkmaschine kann das BMW Farmobil eingesetzt werden.

vom „Jagdwagen II" für Hanns Grewenig, dem kaufmännischen Vorstand der BMW AG.

Sicher hatte der Direktor dabei nicht an die Verwendung als Repräsentations-Limousine gedacht. Grewenig hatte privat ein standesgemäßes Hobby, er war Jäger. Und als solcher wollte er ein geeignetes Fahrzeug zum Transport seiner Jagdkameraden und des erlegten Wildbrets benutzen – und ein voluminöser BMW 501 oder 502 (4 x 4 war noch nicht erfunden) war da vielleicht nicht ganz das Richtige. Die Hausmarke sollte es aber sein und Grewenig neigte zum 600. Aus diesem kleinen Gefährt einen Jagdwagen zu machen, hieß, ihn zu entkernen, ihm eine Art Notverdeck, Roadstertüren und rustikale Holzverkleidungen zu verpassen. All das war natürlich mit einer jagdgerechten Farbe zu kombinieren, nämlich Dunkelgrün. Als Resultat entstand tatsächlich solch ein Fahrzeug, eine Mischung aus Woodie und Bundeswehr-Versuchskübel. Gebaut wurde dieser Wagen nach den Wünschen des Herrn Direktors bei der renommierten Karosserie-Firma von Erhard Wendler in Reutlingen, wo vor dem Krieg diverse Stromlinien-Wagen auf BMW Chassis entstanden waren. Wendler hatte nach 1945 nur noch vereinzelt BMW karossiert, aber der Kontakt war nicht abgerissen und so erhielten die Reutlinger unter Leitung von Helmut Schwandner den Auftrag. Der Karosserie-Spenglermeister Benz hatte, wie immer in vielen Jahren bei Wendler, die technische Ausführung geleitet und Hanns Grewenig konnte schon nach kurzer Zeit

sein Einzelstück in Empfang nehmen. Helmut Schwandner beschrieb den Aufbau später als „sichtbares Holzgerippe mit Sperrholz-Auskleidung, naturlackiert". Entstehungsjahr: 1958.

1959: Das Farmobil

Mit dem Begriff „Mobil" wurden in der Nachkriegszeit die vielen Mini-Vehikel bezeichnet, mit denen die ärgste Motorisierungsnot in Deutschland behoben werden sollte. Und mit einem Mobil haben wir es auch bei dem folgen-

Farbige Illustrationen aus dem offiziellen Farmobil-Prospekt, richtig herzig in ihrer naiven Darstellung.

Förster mit Farmobil: Fröhlich und fortschrittlich fahren …

Zum Transport diverser Baguettes bestens geeignet: Farmobil im Alltagsgebrauch in einer französischen Kleinstadt Anfang der 80er-Jahre.

den Produkt aus der BMW Küche zu tun. Die bekannte Schlepper-Firma Fahr in Gottmadingen, die heute nur noch im Deutz-Fahr-Schlepper weiterlebt, scheint in den frühen 50er-Jahren ein preisgünstiges Universal-Fahrzeug für Gelände und Landwirtschaft anvisiert zu haben. Was lag für den Antrieb näher als der robuste BMW Boxermotor?

Ob hier nun der Anstoß von Fahr oder von BMW ausging, wo man dauernd an einer Weiterentwicklung der Kleinwagen-Idee nach Art des „Motoporters" und an einer Verwertung des Motorrad-Motors laborierte, ist nicht mehr exakt nachzuvollziehen. Kein Konstrukteur aus dieser Zeit lebt mehr und die Informationen fließen heute nur noch spärlich…

In den Notizen des Chefkonstrukteurs Alfred Böning wird 1959 erwähnt: „Hauptarbeit Karosserie Hofmeister. Hinterachse und Bremsen 700 Wolff. Vorderachse neu/700 Wolff. Getriebe neue Übersetzung Böning." Es wird auch an einen größeren Motor gedacht, den Böning machen soll, mit einem Zylinderkopf von Falkenhausen. Geplant waren den Notizen zufolge eine Fahr-Ausführung für die Landwirtschaft, eine BMW Ausführung für gewerbliche Zwecke und eine Militär-Version, wobei erwähnt wird, dass ein „Draht zu F. J. Strauß" bestehe. Eine Schwarzwälder Firma wollte 1959 ein ähnliches Fahrzeug herstellen, allerdings dreirädrig und mit Motorradlenker, ausgerüstet mit dem Isetta-Motor.

Jedenfalls wurde ein geländegängiges Mobil mit großer Ladefläche entwickelt und auch ausgiebig getestet, wovon die Bilder der frühen Jahre zeugen. Auf ihnen ist das erste Farmobil noch in rundlicher, stromlinienförmiger Ausprägung zu sehen. Verantwortlich für das frühe Design war Lucien L. Lepoix mit seiner Formgestaltungsfirma FTI International in Baden-Baden. Lepoix, bis heute eher der große Unbekannte im Fahrzeug-Design, entwickelte in den 50er- und 60er-Jahren für diverse Nutzfahrzeugfirmen in Deutschland. Bei der Weiterentwicklung verlor das Auto etwas von seinem 50er-Jahre-Stil, denn die letzten Bilder zeigen uns eine rein eckige Zweckform, ähnlich wie sie in Österreich der von Erich Ledwinka entwickelte Steyr-Puch „Haflinger" aufwies. Als Antrieb zu dieser Zeit fungierte der Zweizylinder-Boxer, wie ihn auch der Typ 700 aufwies. Einerseits heißt es, dass das Farmobil nicht in Serie ging, aus welchem Grund auch immer, andererseits soll dieses Produkt in Lizenz später in einem anderen Land gefertigt worden sein. 1961 wird notiert: „Griechenland will 200 Motoren bestellen". Im Ausland wurde es zumindest über die Chrysler International S. A. Organisation vertrieben… Ein Grund dürfte gewesen sein, dass die mit ihrer regulären Schlepper-Produktion eigentlich äußerst erfolgreiche Firma Fahr um 1961 im Konzern des Kölner Motoren-Lieferanten Deutz aufging, wovon heute nur noch der Name Deutz-Fahr auf manchen Traktoren zeugt.

Im Prospekt von 1965 heißt es stolz: „Das Überraschendste am BMW Farmobil ist der Preis; die Grundausstattung mit Frontverdeck, fünffacher Geländebereifung, Werkzeug, Heizung und Defroster kostet DM 6.400,-!" An technischen Angaben finden sich hier unter anderem: Motorleistung: 32 DIN PS, Höchstgeschwindigkeit: 90 km/h, Steigfähigkeit: 50 Prozent, Nutzlast: 616 kg, Eigengewicht: 584 kg, Hinterradantrieb mit Sperrdifferential.

Die Rückseite eines Werksfotos ist mit dem folgenden euphorischen Text aus der damaligen BMW Presseabteilung bestückt: „Das BMW Farmobil gibt es als Pritschenlastwagen, als Lieferwagen mit Plane, als Jagd- beziehungsweise Personentransportwagen mit sechs Sitzen, als Feuerwehrfahrzeug und als Fahrzeug mit Antrieb für verschiedene Zusatzaggregate für Gewerbe und Landwirtschaft." Wobei im Prospekt auch Verwendungsmöglichkeiten als „attraktiver Marktstand" und „stationärer Motor zum Betrieb einer Melkmaschine" erwähnt werden. Was wollte man damals mehr?

1963: Kombiniere – Kombi

Immer und immer wieder schrieb die Presse über BMW Kombiwagen und das zu einer Zeit, als es offiziell keine gab. Des Rätsels Lösung: Immer wieder gab es Einzelstücke für BMW Liebhaber mit Transportproblemen, nachdem das Werk selbst jahrzehntelang nach dem Krieg keine Kombis anbieten mochte. Vor dem Krieg war es ähnlich, schließlich benutzt man einen BMW nicht zum schnöden Transport womöglich gewerblicher Ware. Die einzigen Kombis aus dieser Zeit, von den erwähnten Dixi-Eillieferwagen einmal abgesehen, waren Kundendienstwagen für das Werk selbst (zum Beispiel der 326 mit entsprechendem Autenrieth-Aufbau). Andere deutsche Marken mit Renntradition leisteten sich bekanntlich ähnliche Sonderaufbauten. Dass die Typen 501 und 502 für Krankenwagenzwecke oder auch schon mal als Leichenwagen in privater Initiative umgerüstet wurden, ist bekannt.

Und bei der „Mittelwagen"-Entwicklung des Typs 530 von 1958 schrieb Prof. Kamm vom Frankfurter Battelle-Institut in seinem Versuchsbericht anlässlich von Windkanal-Messungen dazu: „Ich habe nun aber aus den Äußerungen bei der Sitzung am 28.3. entnommen und durch die Herren Fiedler und Schleicher am 10.4. bestätigt gefunden, dass BMW nach Einführung des 1,6-Liter-Wagens wohl auch einen Kombiwagen wird entwickeln und liefern müssen."

Aber erst bei der „Neuen Klasse", dem BMW 1500, sah man wieder einen (gelungenen) Kombiaufbau, wie es deren ähnliche bei Opel und Ford schon lange im Programm gab. Allerdings ist es in unserem hier beschriebenen Fall sicher, dass es sich weder um ein Einzelstück eines BMW Händlers noch um eine Fingerübung des Werks handelte. Zu Zeiten dieses 1500-Kombis, den die Stuttgarter Karosseriefirma Baur 1963 auf eigene Rechnung produziert und privat verkauft hatte, zeigte München sich an dem Einzelstück wohl deutlich interessiert. Man übernahm es dann auch später, um den Wagen als Sportkundendienst-Fahr-

Krankenwagen auf 502-Basis, 1957 von Binz aufgebaut.

Kombi-Entwurf von Georg Bertram auf 700er-Basis.

Pollmann in Bremen karossierte mehrere Leichenwagen auf 501-Fahrgestell in würdevoller Linienführung.

zeug einzusetzen. Werkseigene Prototypen aus dieser Zeit sind aber nicht bekannt geworden.

Auch auf Basis des BMW 700 wurden Kombis gebaut, sie entstanden aber auf private Initiative in Belgien, nämlich 1965 bei der Brüsseler Karosseriefirma von Jaques Coune, der eher durch seine sportlichen Coupés auf MGB-Grundlage bekannt wurde. Coune fertigte zwei Stück dieser gekonnten Umbauten an und ein Jahr später wagte er sich wohl auch an den BMW 1800, dem er ebenfalls gekonnt Kombiaufbauten verpasste. Hier wurden sogar vier Stück dieses Edelkombis verkauft. Für den Umbau musste der Kunde, wie man lesen konnte, drei Wochen Zeit mitbringen, erhielt dann aber ein professionell gefertigtes Auto. Wobei auch im Werk auf Basis des 700 ein

Kombi angedacht wurde, der sogar eine Dachreling bekommen sollte, was zu damaliger Zeit eine recht progressive Idee war. Die nächsten Nachrichten zum Kombinieren gibt es erst wieder aus den 70er-/80er-Jahren, als einzelne BMW Händler ihren Kunden Kombiaufbauten in kleinen Stückzahlen anboten, wobei das sicher nicht dem gestrengen Auge des Werkes entging. Auch die Lehrlingsabteilung im Hause engagierte sich und fertigte einen 7er-Kombi an, dessen Entstehungszeit gut zwei Jahre betrug.

Wobei auch in der Nähe Münchens, nämlich bei der durch ihre Einzelstücke für betuchte Kunden bekannten Firma Lorenz & Rankl in Wolfratshausen, ein BMW Kombi mit feinster Ausstattung entstand, ebenfalls auf 7er-Basis. Dieses Fahrzeug wurde nach den Vorstellungen eines BMW Kunden aufgebaut, der erst beim Werk vorstellig wurde, wo man die Kapazität nicht hatte (weshalb heute eines der Geschäftsziele der neugegründeten BMW M GmbH – früher BMW Motorsport – ist, solchen Kunden ihre Autowünsche nach Maß erfüllen zu können).

1963: Die Karriere des Kraka

Dieses sinnige Kürzel bezeichnete bei der Nürnberger Zweirad-Union anno 1963 einen soeben entwickelten „Kraftkarren". Unter der Leitung von Direktor Franz Ischinger entstand auf dem Reißbrett des Konstrukteurs Behrmann ein extrem geländegängiges Kleinstfahrzeug, gedacht für Landwirte, Jäger und dergleichen (im Hinterkopf hatte man sicher die Bundeswehr mit ihrem ständi-

Ein E 23-Kombi, aufgebaut von der Münchner Lehrlingsabteilung. Er lief als „Muli" im Kundendienst und wurde zärtlich „Resi" genannt.

gen Bedarf an neuen geländegängigen Fahrzeugmodellen). Wer weiß, vielleicht hatte man auch schon damals das per Fallschirm abwerfbare Kleinfahrzeug für kriegerische Konflikte im Auge. Jedenfalls war dieses Kraka-Urmodell 1963 noch mit dem unverwüstlichen 400-Kubik-Goggomotor von 20 PS bei 5.000 Touren ausgerüstet, der für eine maximale Steigfähigkeit von 60 Prozent (!) bürgte. Um das zu erreichen, waren von Metzeler spezielle Lypsoid-Reifen breitesten Formates entwickelt worden. Ein Wendekreis von 6,9 Metern und eine Wat-Tiefe von 50 Zentimetern sowie ein universal verwindbarer, an drei Punkten am Fahrwerk aufgehängter Stahlrahmen, dazu bei einem Eigengewicht von 400 Kilogramm eine Zuladung von maximal 800 Kilo – all das waren technische Leckerbissen. Als Preis hatte man in Nürnberg etwa 5.000,- Mark (mit Ladebrücke) dafür kalkuliert. Die Geschichte dieses Fahrzeugs verlief dann doch ganz anders, denn ab 1965 finden wir es bei der Schwerfahrzeug-Firma Faun in Lauf bei Nürnberg im Produktions-Programm, noch mit dem Glas-Motor ausgerüstet, den man aber auf nur noch 15,5 PS bei 3.900 Umdrehungen eingerichtet hatte. Damit sollten maximal 41 Stundenkilometer erreicht werden. 1973 dann wurde der Kraftkarren zum FAUN Kraka Typ 640 und als solcher auf der IAA vorgestellt, hier ausgerüstet mit einem 700er-BMW Boxermotor von 26 PS Leistung. Faun lieferte ja neben diversen Spezialfahrzeugen schon lange LKW für die Bundeswehr, man hatte sich dieses kleine Fahrzeug zur Abrundung des eigenen Bundeswehr-Programms zugekauft und es professionell weiterentwickelt. Dabei war allerdings das Eigengewicht auf 740 Kilo gestiegen, während die maximale Zuladung von 870 kg ähnlich wie beim Urmodell angesiedelt war. Außer für die Bundeswehr wurden bei Faun wohl kaum zivile Exemplare hergestellt.

1966: Der Glas/BMW Geländewagen

Nachdem im Hause BMW, wie wir gelesen haben, schon ab 1937 ein Geländewagen entstanden und in der Nachkriegszeit an geländegängigen Fahrzeugen wie dem Farmobil gearbeitet worden war, lag es für die Münchner sicher nahe, nach der Übernahme der Dingolfinger Glas-Werke 1966 deren eigenes Geländewagenprojekt weiter zu verfolgen. Nicht zuletzt weil rentable Aufträge im Rahmen der Nato winkten, unter deren Federführung dieser Wagen mehr oder weniger entstanden war. 1960 wandte sich das

Bundesverteidigungsministerium an Glas, wo man zusammen mit anderen Firmen (eine Gruppe bildete Lancia, Hotchkiss und Büssing, auch bei der MAN und bei MBB wurde angeklopft) eine Vorentwicklung für eine Nato-Einheitskonstruktion durchführen sollte.

Dieser amphibische Geländewagen, der gefragt war, wurde denn auch bis zu einem Funktionsmodell entwickelt. Das war 1964 und damals wurde die Behördenplanung umgestellt: Aus dem geländegängigen Vierteltonner sollte ein Halbtonner-Fahrzeug zur Verwendung bei den Streitkräften von Frankreich, Italien und der Bundesrepublik werden. Bei Glas wurden die Ärmel hochgekrempelt und die Konstruktion wie gewünscht überarbeitet. Anfang 1966 erst fiel die Entscheidung zum Bau eines Prototyps durch die Firma Glas. Dieser war mit einem luftgekühlten Vielstoff-Motor der MAN vom Typ L 9204 FMW versehen worden, der aus vier Zylindern bei 2,7 Litern Hubraum sowohl bei Diesel- wie auch bei Benzinbetrieb 70 PS ablieferte, wobei auch andere MAN-Motoren getestet wurden. Vor der Fertigstellung der MAN-Konstruktion setzte Glas-Konstruktionschef Dompert ver-

Im hauseigenen BMW Journal war im Herbst 1967 Optimistisches über den Glas/BMW Geländewagen zu lesen: „Der Verwendungszweck-Phantasie sind bei diesem Spezialfahrzeug keine Grenzen gesetzt. Sollte ihn jemand als Fischerboot oder als Jagdwagen fahren wollen oder will jemand einen exklusiven Partywagen besitzen – bitte, er ist auch für den Privatmann zu haben."

suchshalber auch den eigenen 1700er-Motor aus der Frua-Limousine in das Fahrzeug. Platz für die Maschine fand sich vorne, zwischen Fahrer- und Beifahrersitz. Der militärübliche Allradantrieb konnte zum reinen Hinterachsantrieb umgeschaltet werden und vermittels eines Viergang-Getriebes mit Vorgelege waren effektiv acht Gangstufen für jedes Gelände vorhanden. Der schwimmfähige Wagen wurde durch eine kleine Schraube angetrieben und etwa neun Stundenkilometer konnten so auf dem Wasser erreicht werden. Der Glas 0,5 to gl (geländegängig) erhielt nach Übernahme durch die BMW AG natürlich eine BMW Kraftquelle implantiert, es handelte sich hierbei um den 1.800-ccm-Motor mit 80 PS. Später sollte der 100-PS-Motor aus dem BMW 2000 folgen (1968) mit dem sich angeblich 110 Stundenkilometer Spitze erreichen ließen, andere Quellen sprechen von einer Maximalgeschwindigkeit von 95. Für ein militärisch genutztes Geländefahrzeug sicherlich ausreichend, vor allem bei Berücksichtigung des (zu) üppigen Gesamtgewichts von

2,05 Tonnen. Bei voller Belastung sollten 55-prozentige Steigungen, andere Quellen nennen sogar 60 Prozent, mühelos genommen werden. Die selbsttragende Wannenbauweise bot Platz für sechs bis acht Personen, wobei der 2,5 Quadratmeter Nutzfläche bietende Innenraum universell zu gebauchen war. Vom Krankentransporter über den Fernschreib- und Funkwagen bis zu den umklappbaren hinteren Sitzbänken, aus denen Arbeitstische werden konnten. Identische Versionen dieses amphibischen Halbtonners sollten dann in Italien von Fiat und in Frankreich von Saviem (die Nutzfahrzeugtochter von Renault) hergestellt werden.

MBB (Messerschmitt Bölkow Blohm) in München modifizierte die Konstruktion 1971 in Form eines ähnlichen Prototypen, bei dem eine Bodenwanne aus Kunststoff ähnlich dem Bayer-Gugelot-Sportwagen von 1967 entwickelt wurde. Hierbei wurde in enger Zusammenarbeit mit BMW ein modifiziertes Zweiliter-Triebwerk mit 90 PS Leistung eingesetzt. Dieser Motor fand seinen Platz im Gegensatz zum Glas-Schwimmer in der Heckpartie. Der schwimmfähige Wagen mit seiner selbsttragenden Sandwich-Bodengruppe aus Hartmoltopren war natürlich bei ähnlichen Dimensionen erheblich leichter als das Glas-Produkt, für das Chassis wurden 140 Kilo Gewicht angegeben, während das komplette Fahrzeug 1.600 Kilo im Gegensatz zu den 2,05 Tonnen des Glas auf die Waage brachte. MBB dachte bei diesem Wagen neben der militärischen Verwendung auch an einen Einsatz für Landwirtschafts-, Jagd- oder Expeditionszwecke. Intensive Tests in Zusammenarbeit mit dem Bundesamt für Wehrtechnik und -beschaffung bestand der Kunststoff-Wagen glänzend, wie geplant erwies er sich sogar mit vollgelaufener Wanne als unsinkbar. Diese enge Zusammenarbeit von MBB, Bayer und BMW führte aber nicht zu dem geplanten Geschäft mit Fiat oder Renault-Saviem, so dass das Projekt irgendwann einfach eingestellt wurde.

Die Bundeswehr hatte den Glas/BMW-Zwitter zwar getestet, mochte ihn aber nicht in Serie übernehmen. Und so wurde zum Nachfolger des Auto-Union Munga mit Zweitaktmotor der untaugliche VW Typ 181 mit seiner Boxer-Heckmaschine bestimmt, der erstaunlicherweise weder schwimmen noch einen Allradantrieb vorweisen konnte… Der hier beschriebene Glas-Prototyp, veredelt mit feinster BMW Motorentechnik, blieb München erhalten und ziert heute das Depot des BMW Museums.

Schwimmt sich frei in Dreck und Matsch: Der Glas-Geländewagen – hier ein Bild nach der BMW Übernahme.

Fahrzeuge mit BMW Einbaumotor

Wie viele Fahrzeug- und Motorenproduzenten bot auch BMW Motoren zum Einbau in Fremdfabrikate aller Art an. Die Spannweite reichte von den kleinen Boxermotoren der Frühzeit über voluminöse Großmotoren und Einzylinder-Antriebe á la Motoporter bis zu den neuen Boxern der späten Nachkriegsjahre.

1921 : Mauser-Einspurwagen

Der BMW Einbaumotor M2 B15 wurde in den 20er-Jahren von dem nunmehr reinen Motorenhersteller für die Verwendung in Motorrädern und leichten Automobilen, sogenannten Cyclecars, angeboten. Und tatsächlich finden wir auch bei diversen Kleinwagen-Herstellern von damals den Zweizylinder-Boxer von BMW. Eigene Motoren zu entwickeln, wäre meistens über die Möglichkeiten dieser eher kleinen Firmen hinausgegangen. Viele (kurzlebige) Hersteller waren in der Reichshauptstadt Berlin mit ihrem großen Kundenpotential angesiedelt. Konstruktionen unterschiedlichster und auch skurriler Art wurden dort fabriziert. Wobei fabriziert vielleicht etwas zu vollmundig klingt, denn manche Hersteller kamen über den Ausstellungs-Prototyp oder eine auffallende Anzeige für ihr Produkt nicht mal hinaus. Manche Produkte genossen immerhin den Vorzug, von der Automobil- und sonstiger Presse ernstgenommen zu werden. Ein wohlgemeinter Fahrbericht zog damals wie heute potentielle Kunden eher an als eine großartige Anzeigenkampagne, wie wir es am Beispiel des Atlantic-Einspurwagens sehen, dessen positive Beschreibung heute eher zum Schmunzeln denn zum Kaufen reizen würde.

Dieses autoähnliche Zweirad mit seitlichen kleinen Stützrädern wurde 1921 in Leipzig vorgestellt und seine Lebensspanne betrug gerade ein Jahr! Der BMW Boxermotor brachte das mit zwei Personen (hintereinander sitzend) besetzte Mobil immerhin auf 70 km/h, was in einem Journalistentext dann so klang: „Blitzschnell geht es auf schnurgerader Landstraße der Großstadt zu. Ruhig und sicher gleiten wir dahin. Die erste scharfe Kurve steht uns

bevor. Der Führer stoppt leicht ab, und schon legt sich unser Fahrzeug elegant in die Kurve. Welch köstliches Gefühl, welch innere Lust, so mühelos sein Gleichgewicht zu meistern!" Angeblich sollen von diesem großspurig als „billigstes Automobil der Welt" angepriesenen dynami-

Mauserte sich fast zum Auto: Der Einspur-Wagen des Waffenherstellers Mauser, ab 1921 hergestellt. Der BMW M2 B15 trieb ihn voran.

Auch das noch: Ein Stuttgarter BMW Roadster nach Tornax-Art, 1937. Mysteriös wird wohl ewig ein BMW Vierzylindermotor mit nur 750 Kubikzentimetern bleiben, oder war da vielleicht noch ein Dixi im Spiel?

Ein typisches Beispiel ist auch der Einspurwagen (1921) des bekannten Waffenherstellers Mauser in Oberndorf, eigentlich eher ein umhülltes Motorrad, mit Stützrädern auch für das Kurvenfahren gerüstet. Hier war die erste Karosserie von Reutter aus Stuttgart gekommen, ein BMW Motor war für den Antrieb gedacht. 65 km/h wurden als Spitze genannt und nur 3,5 Liter sollten auf 100 Kilometer verbraucht werden. Bis 1927 wurde dieses Produkt gebaut und man konnte sogar eine Lizenz nach Frankreich verkaufen. Die Idee für das verschalte Motorrad stammte von einem Flieger, wie man Piloten damals nannte. Nachdem das Flugzeug damals als ausgesprochen fortschrittlich galt, wurde seine zigarrenartige Grundform gerne für diese einfachen Mobile verwendet.

Ebenfalls in Berlin, genauer gesagt in Potsdam, war die Bootswerft Zeppelinhafen ansässig, deren BZ-Autos (1924) mit BMW Antrieb liefen. Oder laufen sollten, denn von größeren Stückzahlen wird auch hier nichts berichtet.

Noch weitere Kleinwagenkonstruktionen wie der Münchner Maja-Wagen von 1923 wurden damals mit dem „Bayern-Kleinmotor" ausgerüstet, der in dieser Form bis 1926 hergestellt wurde.

Viel später, im Jahr 1995, hatte man in München ein winziges Hybrid-Fahrzeug fertig, dem im Benzinbetrieb ein Motor aus der Motorrad-Fertigung zu rapidem Fortkommen verholfen hätte…

1945: Der Nardi-Danese Sportwagen

Die sportlich-robusten Motorradmotoren von BMW brachten immer wieder Automobilproduzenten auf Abwege. Ein geradezu klassisches Beispiel einer dieser Boxermotor-Verwendungen ist der kleine Rennsportwagen des italienischen Rennfahrers Nardi. Dieser war seinerzeit als Einfahrer bei der Scuderia Ferrari beschäftigt und damit natürlich hochmotiviert, seinen eigenen fahrbaren Untersatz etwas schneller zu machen. Welcher Rennfahrer mit Benzin im Blut hätte keinen Spaß daran! Und so baute sich Nardi 1945 in seinen privaten Fiat Topolino eine 750er-Maschine von BMW ein und fuhr damit monatelang geschäftlich umher. Diese Motorisierung fand bei den italienischen Autoliebhabern großen Anklang und so gründete Nardi mit seinem Freund Danese in Turin eine Firma zur Herstellung von Rennsportwagen der kleinen Klasse. 1947 war der erste ND-Wagen fertig und fuhr gleich bei dem 300 Kilometer langen Dolomitenrennen den Klassensieg

Damit über den Atlantik zu fahren, wäre wohl vermessen, trotz seiner schiffsartigen Linie. Der Atlantic-Einspurwagen mit BMW Maschine, ein Berliner Produkt von 1921.

schen Fahrzeug tatsächlich größere Stückzahlen verkauft worden sein. Im Allgemeinen waren die ganzen Leichtautokonstruktionen der Zeit nach dem Ersten Weltkrieg eher Eintagsfliegen und eine Serienproduktion nach heutigen Maßstäben konnte von den obskuren Herstellern ohne rechte Finanzierungsgrundlagen kaum durchgeführt werden.

Einspurwagen waren damals eine beliebte Konstruktion, man versprach sich verbilligte Unterhaltskosten und auch vereinfachte Herstellung dieser simplen Fahrzeuge.

heraus. Als Folge kamen genug Bestellungen zu ND, um eine kleine Serie auf die Beine zu stellen. Hierfür wurde statt des Topolino-Chassis eine leichte Rohrrahmen-Konstruktion vom eigenen Reißbrett verwendet, wodurch man auf ein Wagengewicht unter 350 Kilogramm (!) kam. In Verbindung mit dem BMW Boxermotor ergaben sich natürlich hervorragende Fahrleistungen, insbesondere auch höllische Beschleunigungswerte. Wobei es sicher eine bescheidene Rolle spielte, dass der BMW Motor durch die ND-Crew nach und nach soweit überarbeitet worden war, dass die äußere Hülle noch BMW war, die Innereien allerdings weitgehend italienischer Handarbeit gewichen waren – als Resultat sollen etwa 52 PS bei 5.500 Umdrehungen abgegeben worden sein. Aus dem zuverlässigen Motorradmotor war ein reiner Hochleistungsmotor geworden und Rennerfolge reihten sich an Rennerfolge. Wobei man sich dieses Nardi-Danese-Auto etwa wie den englischen Dellow-Sportwagen vorstellen muss, nur dass hier links und rechts aus der Motorhaube je ein bajuwarischer Zylinder ragte.

Bei diesem Rennsportwagen baute Nardi übrigens auch ähnliche Motoren nach Kundenwunsch und Verfügbarkeit ein, beispielsweise Panhard-Dyna-Triebwerke, ebenfalls mit zwei Zylindern gesegnet. Schon in den 30er-Jahren hatte Nardi sein erstes Auto auf die Räder gestellt und der ND war nicht sein letztes. Seine wesentlichste Tat war allerdings die Kreation eines eigentlich für jeden Sportfahrer unverzichtbaren Zubehörs, nämlich des bekannten Nardi-Holzlenkrads.

1947: Georges Irat

Ein dem ND ähnliches, sportlich angehauchtes Fahrzeug stellte als letztes Produkt auch die kleine französische Firma von Georges Irat her, deren Luxuswagen der 20er-Jahre mit Motoren bis zu drei Litern in den 30er-Jahren von Wagen anderer Konzeption, nämlich kleinen leichten Fronttrieblern sportlichen Zuschnitts, abgelöst wurden. Nach dem Zweiten Weltkrieg, auf dem Pariser Automobilsalon 1947, versuchte man noch einen Start mit neuartigen leichten Fahrzeugen in modernster Pontonform. Diese Cabriolets mit Doppelnockenwellen-Boxermotor und elektromagnetischem Cotal-Getriebe wurden nicht weiterverfolgt. Dafür wurde 1949 noch einmal ein Prototyp vorgestellt, in diesem Fall ein offener, zweisitziger Kleinwagen, der nach der Mode der Zeit inmitten des Kühlergrills

einen großen Scheinwerfer trug, ähnlich wie auch der Panhard-Stromlinien-Prototyp „Dynavia" von 1947. Dieser Wagen soll versuchshalber den BMW Boxermotor erhalten haben und mindestens eines dieser Fahrzeuge hat sich bis auf den heutigen Tag erhalten.

Der „Landarztwagen" des Maja-Werks für Motor-Vierrad-Bau, München 1923.

Warum sollte eine Bootswerft nicht auch Automobile herstellen können? Der leichte B. Z.-Wagen aus Potsdam, 1924 angeboten.

Der kleine 1,9 6,5 PS „B. Z."-Zweisitzer der Bootswerft Zeppelinhafen G.m.b.H.

1958: Citeria, ein holländischer Sportwagen

„…morgen für Benelux und übermorgen für den Gemeinsamen Markt?" Unter dieser aufreizenden Schlagzeile (siehe Abbildung unten) stellte die Motor-Rundschau 1958 einen holländischen Wagen vor, keinen DAF-Prototypen, wie man vermuten könnte. Nun sind Automobile aus den Niederlanden ja ohnehin rar gesät, und dieses Produkt wollen wir uns einmal näher ansehen.

Als Initiator tritt auf: „Herr van Beekum, jung und begeisterungsfähig, fundiert durch seine Firma Van Beekum en Osterveer, die in Den Haag General Motors vertritt, hat es sich vor Jahren in den Kopf gesetzt, mit einem wirklich sportlichen Kleinwagen … die befreundeten Benelux-Länder zu erobern." Dieses kleine Auto, ein Zweisitzer mit Verdeck und „leicht aufsetzbarem Coupédach", sollte 7.450 Gulden kosten, damals rund 8.200 Mark. Ausgerüstet war es mit dem Zweizylinder-Boxermotor von BMW,

der bei 600 Kubik Hubraum 30 PS leistete. Um daraus attraktive Fahrleistungen zu zaubern, dachte Herr van Beekum an eine Kunststoff-Karosserie über einem Rohrrahmen-Fahrgestell. Als Gesamtgewicht wurde etwa eine halbe Tonne genannt, woraus eine Spitze von etwa 135 km/h resultieren sollte. Der BMW Heckmotor saß hinter der Pendelachse, das Getriebe vor ihr. Vorne sorgten Schraubenfedern für durchaus guten Bodenkontakt, wie der Tester seinerzeit befriedigt feststellte. Im März 1959, so las man weiter, sollte eine kleine Produktion von zehn Wagen in der Woche anlaufen, die recht schnell auf eine Jahresproduktion von 2.500 Stück gesteigert werden sollte. Das einzige Problem dabei war, dass der Vertrag mit BMW noch nicht unter Dach und Fach war, aber man hoffte auf ein Lieferabkommen. Und hoffte, und hoffte…, denn eine Serien-Produktion wurde in den Annalen holländischer Automobil-Produktion nicht verzeichnet.

Und so graziös sah das Musterexemplar 1958 schon im Zeitungsbericht aus.

- 600 ccm Heckmotor
- Heckantrieb
- Einzelradfederung
- Rohrrahmen
- Plastikkarosserie

FH·62·51

Zu Wasser: Bootsmotoren von BMW

Die BMW Bootsmotoren haben eine lange Tradition, die sich bis zu den Anfängen der ab 1916 entstandenen Firma zurückverfolgen lässt und die erst in den 80er-Jahren endete, als man sich auf das eigentliche Stammgeschäft, den Automobilbau, konzentrierte.

Nach dem Ersten Weltkrieg, als neue Absatzmärkte für den ehemaligen Flugmotorenhersteller gesucht wurden, entstanden folgerichtig auch Bootsmotoren von BMW.

1918: Typ M4 A12

Auf Basis einer Flugmotorenkonstruktion wurde ein Universalmotor entwickelt, sowohl für den Bootsantrieb als auch für den Einbau in Luxusautos (nie realisiert) und Lastwagen geeignet. Diese Motorentype konnte auch mit Schweröl, wie man Diesel damals nannte, betrieben werden. Dieser einzige Basistyp wurde nach 1918 einige wenige Jahre lang produziert, bis die BMW AG wieder in anderen Bereichen (im Flugmotorenbau, später dann im Automobilbau) Fuß fassen konnte. Die BMW AG besitzt in ihrem Museum ein Exemplar des Typs M4 A12, das von 1920 bis 1978 ohne Störungen als Antrieb eines Bodensee-Schiffes in Betrieb war.

Knausern unnötig

Im Prospekt wurde sowohl auf den sparsamen Benzin- oder Benzolverbrauch des M4-Motors hingewiesen als auch auf das geringe Gewicht des Aggregats, was nochmals eine Betriebsstoffersparnis von 20 Prozent ergeben sollte. Obwohl die angepeilte Zielgruppe der Bootsbesitzer damals sicher nicht zu knausern brauchte! Nach Vertragsunterlagen von 1922 scheinen immerhin einige hundert Stück dieser Motoren gefertigt worden zu sein, und das zu erheblichen Preisen (die aber wohl inflationsbedingt waren).

Auf der Deutschen Automobil-Ausstellung in Berlin des Jahres 1921 wurde der M4 erstmals der Öffentlichkeit vorgeführt, als 45-pferdiger Vierzylindermotor von 120 Milli-

Ein Bootsmotor („Bayernmotor") von 1921, hier vor dem Münchner BMW Museum fotografiert.

einer eleganten Kurve um die dort ausgelegte Wendeboje wieder in die Weite des Sees zu verschwinden. Gleich= mäßig hörte man den Motor brummen; keine Fehlzündung, kein Aussetzer! Und nach der sechsten Runde war der Rekord aufgestellt! 104,95 km/Std. Rundendurchschnitt mit der gedrosselten Leistung von ca. 450 PS, wahrlich ein Erfolg, der haushoch über allen bisherigen Stundenweltrekorden steht, und ein schlagender Beweis für die außerordentliche Zuverlässigkeit und Leistungsfähigkeit des BMW Flugmotors.

MATHEA III, das mit einem 650 PS BMW Motor aus...
boot des Berliners v. May...
für die Weltrekordfahrt...

14

meter Bohrung und 180 Millimeter Hub. Die Abstammung aus einer Flugmotorenkonstruktion war deutlich zu sehen, entsprechend solide waren auch die angegebenen Drehzahlen. Die 45 PS wurden bei 800 Umdrehungen erreicht, als Spitzenleistung konnten sogar 60 Pferdestärken bei 1.100 Umdrehungen gefahren werden. Dieser sogenannte „Bayernmotor" war für eine Autofabrik wie BMW, die sich immer primär als Motorenhersteller sah, nichts

Ungehöriges. Bekanntlich war sich auch der große Ettore Bugatti nicht zu schade für die Lieferung von Einbaumotoren für Boote.

Dieser Motor mit seinen doch recht üppig geratenen Ausmaßen passte einfach nur in ein Boot, allenfalls ein damaliger Lastwagen hätte ihn noch verdaut (wofür man ihn immerhin auch anbot). Im Laufe der Jahre gab es verschiedene Versionen dieser Motoren, die sich aber nicht wesentlich voneinander unterschieden. Der Basistyp war und blieb der M4 A12, wie er hier vor dem BMW Museum in München zu sehen ist.

1938: Mathea III

Die Einbaumotoren der 30er-Jahre wurden offiziell nicht als Bootsantriebe angeboten, wenngleich von vereinzelten Exemplaren berichtet wurde – wie Mathea.

Mit den schwerblütigen, niedrigdrehenden Bootsmotoren der 20er-Jahre wäre in Rennbooten wohl kein Staat zu machen, mag sich um 1938 der Berliner Sportsmann von Mayenburg gedacht haben. Er wollte ein reinrassiges Rennboot haben, und als Antrieb wurde ein bärenstarker BMW Motor aus einem Flugzeug beschafft, ein Zwölfzylinder-Triebwerk des Typs VI von schlappen 650 PS Leistung.

Dem Konstrukteur Hellmuth R. Fugmann hatte von Mayenburg ins Lastenheft geschrieben, ein Rennboot der internationalen 1.200-Kilogramm-Klasse zu entwickeln, das auch rekordgeeignet wäre. Das Einzelstück wurde von der Yachtwerft Claus Engelbrecht gebaut und bald nach Fertigstellung unternahm man erste Probefahrten. Diese verliefen dank des zuverlässigen Flugmotors erfolgreich, und so wurde beschlossen, auf dem Scharmützelsee bei Bad Saarow einen Stundenweltrekord aufzustellen.

Am 6. November 1938 sollte es losgehen. „Gleichmäßig hörte man den Motor brummen; keine Fehlzündung, kein Aussetzer!" Nach der sechsten Runde (die Rundenlänge betrug 16,4 km) war der Rekord schon aufgestellt: „104,95 km/Std. Rundendurchschnitt mit der gedrosselten Leistung von ca. 450 PS, wahrlich ein Erfolg, der haushoch über allen bisherigen Stundenweltrekorden steht, und ein schlagender Beweis für die außerordentliche Zuverlässigkeit und Leistungsfähigkeit des BMW Flugmotors". Hierbei drehte der Zwölfzylinder ganze 1.350 Mal in der Minute. Herr von Mayenburg war mit seinem BMW Triebwerk sehr zufrieden, und so plante man dann für das Jahr 1939 den absoluten Schnelligkeitsrekord der Klasse anzugreifen. Dafür musste dem Motor mehr Leistung abverlangt werden, genauer, bei 1.750 Touren sollte er dann etwa 800 PS abgeben, womit der Erfolg dieses Vorhabens garantiert gewesen wäre. „Die große Kraft des verhältnismäßig leichten Motors wird durch ein Umkehrgetriebe, welches vor dem Führersitz eingebaut ist, auf die Schraubenwelle und den Propeller übertragen. Die stromlinienförmige Motor- und Führersitzverkleidung sorgt für

Anzeige für BMW Bootsmotoren von 1921.

MAN- kontra BMW-Motor: Aufnahmen für „Das Boot" auf dem Starnberger See. Während das originale Boot immer von zwei MAN-Schiffsdieseln angetrieben wurde, besaß das schwimmfähige Modell BMW Antrieb. Was denn sonst?!

Dieter Quester fuhr im März 1968 mit diesem Molinari-Boot drei Weltrekorde. Den Vortrieb besorgte ein BMW Bootsmotor des Typs 411 (2 Liter) mit (unter anderem durch Benzineinspritzung erreichten) rund 200 PS.

möglichst sogfreien Verlauf des Fahrtwindes." Und so wäre dank des BMW Flugmotors noch ein Weltrekord eingefahren worden, wenn nicht der Zweite Weltkrieg dazwischengekommen wäre.

1957: Typ 401

Erst nach dem Zweiten Weltkrieg änderte sich die Situation: Wohl mehr als Versuchsballon wurde 1957 ein 501-Motor in ein Motorboot der Wasserwacht eingebaut. 1958 wurde offiziell die Serienproduktion eines Bootsmotors begonnen, und zwar handelte es sich um den Typ 401, dessen Basis der Wagenmotor des Typs 502 mit 3,2 Litern Hubraum und 140 PS bildete. Er entstand in der vom Konstruktionsbüro abgezweigten Sondermotorenkonstruk- tion unter Leitung von Alfred Böning, zuständige Konstrukteure waren unter anderem Hofmann und Behringer. Es war eigentlich naheliegend, mit dem geschmeidigen Achtzylinder-Triebwerk des großen 502-Typs auch Boote anzutreiben, nachdem dieser Motor seine Fähigkeiten schon beim Antrieb von Kleinbussen überzeugend bewiesen hatte. Und so finden wir auf unserer Entdeckungsreise in unbekannte BMW Gefilde auch schöne Sportboote, an deren Heck das bekannte verchromte V-Zeichen glänzt. Auch die Sechszylindermotoren des BMW 501 haben ähnliche Dienste geleistet. Von hier bis zu den moderneren Boots-

motoren ist es in Jahren gesehen nur ein kleiner Schritt, von der technischen Konzeption her aber ein weiter Weg gewesen.

Diese moderne, ebenfalls mit 4- kodierte Linie entstand auf Basis der neukonstruierten Vierzylinder-Motoren der „Neuen Klasse" von 1962. Bekannt wurden diese Bootsmotoren durch diverse Rekordfahrten, teilweise durchgeführt von prominenten BMW Rennfahrern.

1968 konnte der Rennfahrer Dieter Quester mit einem „heißen" Zweiliter-Triebwerk in einem italienischen Boot einen Geschwindigkeits-Weltrekord herausfahren. Damals wurden auf Basis der Vierzylinder-1.800- und 2.000-ccm-Automotoren die Marine-Typen 410 und 411 angeboten.

Die Bootsmotoren liefen aber im eigentlichen Wagenmotoren-Programm mehr nebenbei mit, was als Konsequenz folgerichtig in eine eigene Firma mündete.

1977: Die BMW Marine GmbH

Es handelte sich bei diesem laufend ausgebauten Programm nicht mehr nur wie früher um „marinisierte" Fahrzeugmotoren. Um der großen Konkurrenz auf diesem Sektor wirkungsvoll entgegentreten zu können, entstanden völlig eigenständige Typen, angefangen mit einem Einzylinder-Motor bis hin zu den großen Sechszylinder-Reihenmotoren mit 280 PS. Unter den internationalen Herstellern von Bootsmotoren finden sich bekannte Namen aus der Automobilszene, es seien nur die Münchner MAN und der ehemalige italienische Luxusauto-Hersteller Isotta-Fraschini stellvertretend für viele andere genannt.

Insgesamt gab es 16 verschiedene Motoren, davon zehn D-Motoren (Diesel) und acht B-Typen (Benzinmotoren). Das hieß Zylinderzahlen von ein, zwei, drei, vier oder sechs Stück. Mit diesem kompletten Programm konnte fast jede Bootsklasse bedient werden, mit den Kleindieseln zum Beispiel, als Flautenschieber, kürzere Segeljachten. Die großen Vergasermotoren und der Turbo-Diesel boten genügend Power, um einzeln oder paarweise große Sport- oder Kajütboote anzutreiben. Außer mit dem bekannten Z-Antrieb (so genannt nach dem Kraftverlauf) gab es auch Motoren mit Anschlusssatz für den Castoldi-Jet-Antrieb. Diese größeren Triebsätze bot die BMW Marine GmbH insbesondere für den Einsatz bei Hafenbehörden, Zoll, Rotes Kreuz, Feuerwehr, DLRG, Wasserwacht, Küstenschutz, Polizei, Marine etc. an. Und wenn man heute in der Freizeit an einem größeren See baden geht, so trifft man mit Sicherheit auf Wasserwacht-Boote mit dem bekannten blau-weißen Propeller-Zeichen. Spektakuläre Verwendungen sieht man auf vielen Pressefotos, sei es nun der 45-PS-Antrieb des Modell-U-Bootes aus „Das Boot", natürlich mit BMW Power, oder sei es die

Ein BMW Bootsmotor vom Typ B220 für Z-Antrieb, 1978, ausgestellt im Münchner BMW Museum.

Weltrekordfahrt von Dieter Quester im März 1968 in der Klasse E1 für Europäische Sportboote bis 2.000 Kubik (Runabouts). Der verwendete BMW Zweiliter-Motor von rund 200 PS Leistung sorgte für drei neue Weltrekorde über einen Kilometer, 24 Meilen und über eine Stunde, wobei hier über 115 km/h gefahren wurden.

Die BMW Marine GmbH, fast um die Ecke vom eigentlichen Werk gelegen, produzierte bis etwa 1983 16 verschiedene Motoren, die wie früher auch auf Wagenmotoren basierten, zum Teil handelte es sich allerdings zum ersten (und letzten) Mal auch um Neuentwicklungen rein für diesen Antriebszweck. Im Programm waren zehn Dieselmotoren und acht Benzinmotoren, in Leistungsbereichen von sechs bis hin zu 190 PS.

Finnisches Sportboot, mit dem kräftigen B 190 oder B 220 ausgerüstet.

BOOTSMOTOREN

Typ	Baujahr	Leistung (PS)	Drehzahl (U/min)	Zyl.	Hubraum (l)	Bootstyp	Besonderheiten
M4 A12	1921–ca. 1926	45/60	800/1.000	4	8	Fähren, Privatboote	Preis 1922 ca. 50.000 Mark
(315/319 etc.)	30er-Jahre						
(501)	1957			6	2,1	Wasserwacht	Basis 337/2-Motor
401	ab 1958	140		8	3,2		Basis 506-Motor
410	nach 1966			4	1,8	Sportboot, Yacht	
411	nach 1966			4	2,0	Sportboot, Yacht	
M12/10	1977	279		4	2,0		FII Bootsmotor (wie M12/7) wassergek. Auspuffanlage
D7	nach 1978	6	3.600	1	0,28	Segelyachten bis 7,5 m/2,0 t	
D12	nach 1978	10	3.000	1	0,528	Segelyachten bis 9 m/3,0 t	
D35-1	nach 1978	30	3.000	2	1,4	Kajütboote, -kreuzer 10,5 m Schw. Verdräng., Segelyachten, Motorsegler	
D35-2	nach 1978	30	3.000	2	1,4	wie D35-1	
D50-1	nach 1978	45	3.000	3	2,1	wie D35-1, bis 12 m	
D50-2	nach 1978	45	3.000	3	2,1	wie D50-1	
D150 Z	nach 1978	136	3.800	6	3,5	Gleitboote mittl. Größe, Doppelanlagen 9 m	Z-Antrieb Turbolader
D150 W	nach 1978	136	3.800	6	3,5	Gleiter 6,5–11,5 m paarweise	Turbolader
D190 Z	nach 1978	165	3.800	6	3,5	wie D190 Z	Z-Antrieb Turbolader/ Ladeluftkühlung
D190 W	nach 1978	165	3.800	6	3,8	wie D150 W	Turbolader/Ladeluft- kühlung
B130 Z	nach 1978	120	5.500	4	2,0	Runabouts, Daycruiser, Kab-Kreuzer 1,3 t	Z-Antrieb
B130 Jet	nach 1978	120	5.500	4	2,0	Hafenbehörden, Zoll, Rotes Kreuz, Feuerwehr, DLRG, Wasserwacht, Küstenschutz, Marine, Polizei usw.	Jet-Antrieb
B190 Jet	nach 1978	165+190	5.500	6	2,8	wie B130 Jet	Jet-Antrieb
B220 Jet	nach 1978	280	4.000	6	3,2	wie B130 Jet	Jet-Antrieb
B190 Z	nach 1978	165	5.500	6	2,8	Gleiter bis 2 t	Z-Antrieb
B220 Z	nach 1978	190	5.500	6	3,2	wie D150 W	Z-Antrieb

Stationärmotoren von BMW

Aus den vielseitigen Leistungsbereichen des Hauses BMW wollen wir auch diesen, für einen Fahrzeug- und Motorenhersteller eigentlich normalen Sektor, am Beispiel der Produktion in den 30er-Jahren, herausgreifen. Damals wurden der Zweiliter- und später auch der große 3,5-Liter-Motor für stationären Betrieb angeboten. Eigens dafür gedruckte Prospekte wiesen auf die vielfältigen Möglichkeiten dieser Aggregate hin, wie zum Beispiel den Antrieb von Maschinen und Pumpen in der Land- und Forstwirtschaft, den Betrieb von Kompressoren und Hilfsgeräten für das Gewerbe und die Industrie sowie überall dort, wo eigene, unabhängige Licht- und Kraftstromzentralen benötigt wurden.

Dabei kamen diese Energiequellen primär für versorgungstechnische- und militärische Zwecke in Betracht. Studiert man heute die entsprechenden Eisenacher Unterlagen, so fällt sofort der freimütige Hinweis auf: „Die tausendfach bewährte Maschine der BMW Kraftwagen wird schon seit Jahren als Sechszylinder BMW Einbaumotor für Heer und Privatwirtschaft geliefert."

Besonders betont wurden auch die konstruktiven Vorteile wie zum Beispiel „raumsparend, geringes Gewicht, wirtschaftlich, erschütterungsfreier, gleichmäßiger Lauf und hoher Gleichförmigkeitsgrad, große Betriebssicherheit, Wetterfestigkeit, leichte Inbetriebnahme, einfache Bedienung und hohe Lebensdauer". Wer da noch nicht überzeugt war!

Angeboten wurden diese Motoren mit Dauerleistungen bei verschiedenen fixen Drehzahlen, erzielt durch eingebaute Drehzahlregler. Am Beispiel der 2-Liter- und 3,5-Liter-Motoren seien Daten genannt: Bei 3.750 Umdrehungen ergaben sich beim Zweiliter 45 PS, beim 3,5-Liter 90 PS Nennleistung. Dauerleistung bei 1.500 Touren hieß einerseits 19 PS, andererseits 37 PS. Und bei erhöhter Drehzahl von 2.750 Touren wurden 33/72 PS abgegeben. Als Besonderheit hatte der Motor des Typs 326/6, gedacht für konstante Stromerzeugung, deshalb einen Leichtmetall-Spezial-Zylinderkopf erhalten, der erhöhte Verdichtung und die höhere Dauerdrehzahl von 3.000 verkraftete. Auch eine „Tropenausstattung" mit vollständig gekapseltem Vergaser wurde angeboten, für Verwendungszwecke in nordafrikanischer Wüstenlandschaft sicherlich sehr geeignet!

Die verschiedenen Bautypen (angefangen hatte man mit dem 1,5-Liter-Motor des Typs 315 im Jahre 1935, dem verschiedene Einbau-Versionen der Zweiliter-Typen 320, 326 und des großen Dreieinhalbliters vom Typ 335 folgten) ergaben zwischen 1935 und 1945 eine Gesamtproduktion von 18.722 Stück, wovon ein Großteil nach den erhaltenen Aufzeichnungen rein für Heereszwecke bestimmt war. Spezialmotoren dieser Art unterschieden sich nicht wesentlich von größeren kompletten Einbauaggregaten für Schiffe, wie sie auch damals und wieder in den 50er- und 70er-Jahren angeboten wurden.

Titelseite des Prospekts für die 2- und 3,5-Liter-Einbaumotoren der späten 30er-Jahre. Diese Motoren waren für die stationäre Krafterzeugung gedacht.

INDUSTRIE-MOTOREN (NACH ANGABEN VON 1949, 1954, 1965 UND 1967)

1-Zylinder	2-Zylinder	4-Zylinder	8-Zylinder
403	404	410 (Bootsmotor 1800)	401 (Bootsmotor 3200)
300 ccm (Faun)	424 (404B)	411 (Bootsmotor 2000)	406
300 ccm (Porter)	425		407
300 ccm (ROA-Madrid)	426 (404 C) Magn. Z.		
440 (403 C)	426 (404 C) Blatt Z.		

1949 gab es den R 24 Einbaumotor, den u. a. die Durlacher Maschinenfabrik herstellen wollte. 1954 gab es den Einbaumotor 414.1 (Fertigung Spandau). Sechszylinder-Motoren sind, soweit nachvollziehbar, als Bootsmotor nur testhalber gefertigt worden, angeblich auch als Fahrzeug-Einbaumotor (Mikafa).

Kapitel 2

Personenwagen-Entwicklungen

Elegant und vielseitig

Ob Limousine oder Sportwagen, Coupé oder
Tourenwagen: BMW bot immer hochwertige
Beförderungsqualität, sowohl für viel Raum
als auch für wenig Platz

Werksprototypen von 1922 bis 1939

Die Firma BMW hat eine große Tradition. Über viele Jahre blieb es jedoch unbekannt, dass die Motorenbauer aus München-Milbertshofen lange vor Erwerb der Dixi-Werke an einem eigenen Auto-Entwurf gearbeitet hatten.

1922: Der erste BMW

Ganz im Sinne von Generaldirektor Popp war ein Kleinwagen entwickelt worden, weniger von den Außenmaßen als von der Motorisierung her. BMW stellte damals den sogenannten Bayernmotor her, der laut Werbung für Luxusautomobile, Boote und Lastfahrzeuge verwendbar war. Seine Leistung von 45 bzw. bei höherer Drehzahl von 60 PS und sein gewaltiger Hubraum von acht Litern prädestinierten ihn für vieles, nur nicht für ein preisgünstiges, kleines Fahrzeug. Dafür kam nach BMW Ansicht nur der hauseigene „Kleinmotor" in Frage, und ihn setzten denn auch die Entwickler wie Rudolf Schleicher in ein Fahrgestell, das heute mit seinem Zentralrohrrahmen an die Konstruktionen aus dem Hause Tatra oder den progressiven

Autoentwurf des jungen Bela Barenyi – später Daimler-Benz – von 1925 erinnert.

Angeblich stammte der Zentralrohrrahmen tatsächlich aus einem Tatra, wo man allerdings 1922 ein Auto mit Zentralrohrrahmen erst erprobte.

Viel wissen wir nicht über dieses erste Auto unter dem Signum des weiß-blauen Logos, das offenbar in Zusammenarbeit mit der Münchner Firma „Diana Automobilwerk GmbH" entwickelt wurde. Dort hatte man unter dem Markennamen „Diana" 1922 und 1923 Dreiradfahrzeuge mit Vierzylinder-Motor und Rohrrahmen hergestellt.

Angeblich wurde hier die Vorderachse angetrieben, wie man lesen konnte. Eine Idee, die ein Jahrzehnt später bei den Entwicklern durchaus ernsthaft erwogen wurde. Man stelle sich nur vor, dieser BMW Versuchswagen von 1922 wäre der Stammvater einer bis heute währenden Generation von BMW Fronttrieblern geworden…

Immerhin tauchte später ein Foto des ersten BMW Wagens auf, denn als weitere (und wohl einzige) Quelle gibt es nur einen Vertragsentwurf zwischen BMW und dem Großaktionär Camillo Castiglioni von 1922, in dem „ein Versuchsautomobil" erwähnt wird.

Mit dem zweizylindrigen Boxermotor mit etwa 20 PS Leistung soll eine Höchstgeschwindigkeit von 50 Stundenkilometern erreicht worden sein. Für die Versuchsfahrten war, wie damals üblich, nur eine rudimentäre Karosserie vorgesehen, wie das Auto also bei Fortführung der Entwicklungsarbeiten ausgesehen hätte, entzieht sich der Chronisten-Kenntnis. Offensichtlich waren die BMW Ingenieure mit ihrem Werk nicht ganz zufrieden oder die Produktionskosten wären zu hoch geworden, der nächste Entwicklungsschub in Sachen BMW und Automobilbau findet sich erst ein bis zwei Jahre später mit dem 1924/25 entstandenen SHW-Wagen.

1924: Der SHW-Wagen

SHW – dahinter verbergen sich die Schwäbischen Hütten Werke aus Wasseralfingen bei Aalen. Die Traditionsfirma

Versuchsfahrten bei winterlichem Wetter: Der erste BMW Wagen, um 1922.

mit jahrhundertelanger Erfahrung in der Metallverarbeitung hatte wie viele andere Unternehmen in den krisengeschüttelten 20er-Jahren an eine Diversifikation gedacht: Eine Erweiterung der Produktion hin zum Automobilhersteller. In vielen Maschinenfabriken tauchten diese Pläne damals auf: Das Auto lag, trotz eigentlich schwacher Wirtschaft, im Trend. Nun hatte man bei SHW besonderes Know-how im Bereich der Aluminiumverarbeitung, und gerade darauf zielte die Konstruktion des Technikers Wunibald Kamm. Kamm hatte zusammen mit seinem Mitarbeiter Deuschle ein neuartiges Automobil entwickelt, das 1925 patentiert wurde: den „Wagenkörper mit tragender Außenhaut".

Der selbsttragende Wagenkörper war damals ein absolutes Novum in der Automobiltechnik. Doch damit nicht genug, Kamms Entwurf war von Anfang an für die Massenfabrikation konzipiert. Durch vereinfachte Konstruktion sollte der Wagen billig herzustellen sein. Das bedingte wiederum den Wegfall des Chassis und einen Leichtbau, der nur durch Aluminium zu verwirklichen war. Der Wagenkörper für den Prototyp wurde vom Luftschiffbau Zeppelin hergestellt, wobei die Aluminiumlegierung teilweise verstärkt und durch diverse Querwände versteift wurde. Als Ergebnis wog der Wagenkörper alleine 70 Kilogramm, mit den Radaufhängungen 120 Kilo. Das gesamte (vier- bis fünfsitzige) Fahrzeug kam auf 700 Kilogramm, und mit den 36 PS des Motors ergab sich so ein Leistungsgewicht um die 20 kg/PS – für damalige Verhältnisse war das ein guter Wert. Um den Antrieb günstig herstellen zu können, war ein Motor-Getriebeblock angedacht, welcher der angestrebten Belastung der Triebräder wegen von vornherein für Frontantrieb ausgelegt wurde. Kamm hatte hier mit Unterstützung eines weiteren Mitarbeiters einen Zweizylinder-Boxermotor von einem Liter Hubraum für Luftkühlung entwickelt. Für die Fahrversuche allerdings richtete man den Motor auf Wasserkühlung ein, weil die richtige Technik für die Luftkühlung erst noch entwickelt werden musste. Das Vierganggetriebe, ein Sodengetriebe der Zahnradfabrik Friedrichshafen, besaß eine Gangvorwahl am Lenkrad.

Die Federung konzipierte Kamm mittels senkrecht gestellter Schraubenfedern und hydraulischen Stoßdämpfern. Letzteres war zu Zeiten ungedämpfter Blattfederpakete und allenfalls vorgesehener Reibungsstoßdämpfer für ein Kleinfahrzeug schon ungewöhnlich. Alle vier Räder

wurden einzeln abgefedert und die ganze Konstruktion erinnerte entfernt an den Lancia Lambda. Gute Fahreigenschaften ergaben sich durch die Kombination von niedriger Schwerpunktlage und Frontantrieb. Zusammen mit dem beachtlichen Spitzentempo von 110 km/h konnten für einen Kleinwagen beachtliche Reisedurchschnitte erreicht werden. Testhalber wurde der Wagen für das 24-Stunden-Rennen im Taunus 1925 gemeldet, wo er sogar die Silbermedaille errang.

Das Fahrzeug hätte alle Bedingungen für einen „Volkswagen" erfüllt, wobei SHW als potentieller Serienhersteller allerdings keine Automobilerfahrung hatte. Vielleicht verhandelte Kamm deshalb mit seinem guten Bekannten, Generaldirektor Popp von BMW, über eine Produktion in München. Trotz der durchdachten Konstruktion und der

Der einzig erhaltene Prototyp des SHW-Wagens steht heute restauriert im Deutschen Museum in München.

SHW-Wagen restauriert

Irgendwann hatte sich die Firma BMW des SHW-Wagens erinnert, der im Deutschen Museum vor sich hindämmerte. In Zusammenarbeit mit dem Museum und dem Diplom-Ingenieur Hans Straßl als Oberkonservator wurde die Restaurierung in Angriff genommen: 7.000 Arbeitsstunden investierten BMW Auszubildende in das seltene Vehikel. Heute glänzt es wieder, was durchaus wörtlich zu nehmen ist, denn nicht nur der komplette Aluminium-Aufbau wurde in Schuss gebracht, auch der Kühler wurde vernickelt und hebt sich so dezent von dem offenen Aufbau ab.

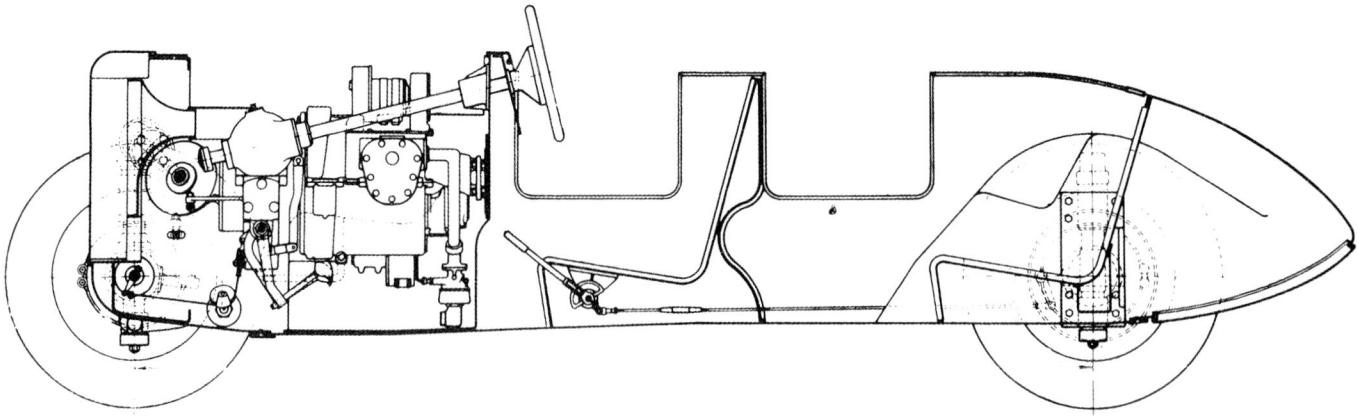

beeindruckenden Zuverlässigkeit (ein Versuchswagen erreichte immerhin störungsfrei 100.000 Kilometer Fahrstrecke) kam es aber nicht zu einer Übernahme der Serienproduktion durch BMW.

Der einzige erhaltene Prototyp dieses Wagens stand für
viele Jahre unbeachtet im Deutschen Museum in München, wohin ihn Kamm 1937 bringen ließ. Sein Zustand
ließ niemanden, der ihn sah, an ein besonderes Automobil
denken. Man glaubte eher an eines der vielen offenen Fahrzeuge der 20er-Jahre. Erst auf den zweiten Blick offenbarte
der SHW-Wagen seine besonderen Reize.

1930: Prototypen der 30er-Jahre

Vom ersten Prototyp mit dem „Kleinmotor" des Hauses
über die Begutachtung des SHW-Kamm-Wagens führte
ein direkter Weg zu den kleinen Fahrzeugen, die seit Übernahme der Austin-Lizenz in Eisenach hergestellt und erfolgreich vertrieben wurden. Die Eisenacher Dixi-Werke als
Ableger der Gothaischen Waggonfabrik mitsamt ihrer
Lizenzproduktion des bewährten Austin Seven wurden im
November 1928 komplett übernommen, und Generaldirektor Popp konnte mit Nachdruck die Fahrzeugentwicklung vorantreiben. Nach der Übernahme strich
BMW bis auf den 3/15 PS alle anderen Dixi-Varianten aus
dem Programm und löste zum März 1932 den Lizenzver-
trag mit Austin. Der Nachfolger, der Typ 3/20 PS war allerdings alles andere als eine geglückte Konstruktion, erst der
BMW 303 von 1933 vermochte zu überzeugen. Letzterer
war übrigens eine Arbeit des Eisenacher Konstruktionsbüros
unter Leonhard Graß, während die 3/20 ein Produkt der
Münchner Entwicklung unter Max Friz darstellte. Dort ent-

standen noch eine ganze Menge weiterer Eigenkonstruktio-
nen und Denkmodelle, man spricht hierbei von den Wagen
der AM-Reihe (AM steht für „Ausführung München").

Ob es sich nun um verschiedene Versionen des ersten
eigenen Sechszylindermotors oder um die damals aktuelle
Idee des Frontantriebs handelte, probiert wurde in den
frühen Jahren eigentlich alles. Wesentliche Neuerungen
brachte, von der Kriegszeit einmal abgesehen, erst die
schwere Zeit nach dem Zweiten Weltkrieg. Fast bis zum
Kriegsende wurde in München an den Nachfolgern der
verschiedenen Wagen getüftelt. Beispielsweise gab es Weiterentwicklungen des Sportwagen-Themas, des Coupés,
eine Weiterentwicklung der großen Autobahn-Limousine
335 namens 337, einen Zwischentyp 330 und natürlich
die Überarbeitung der Zweiliter-Limousine Typ 332, die
für 1940 schon in den Startlöchern war. Ebenso gab es Versuche mit 2,5-Liter-Motoren und mit Doppelnocken-
wellen-Sportmaschinen. Einige Überlegungen können wir
hier in Bildform zeigen. Gestalter dieser Fahrzeuge war
Wilhelm Meyerhuber, seines Zeichens „künstlerischer Leiter". Heute hieße so etwas Chefdesigner. Ihm zur Seite
stand sein Modelleur Karl Schmuck, daneben gab es noch
einige wenige Hilfskräfte wie die Herren Kothuber und
Kempter. Für die Entwicklung der „Außenbehäutung"
war der Karosseriekonstrukteur Kaiser zuständig. Dieses
winzige Team, zu dem noch die Technik- und Motorenkonstrukteure unter Leitung der Herren Schäfer und Stro-
bel kam, denen Fritz Fiedler als Technik-Chef die Direk-
tiven gab, konnte immerhin bis 1942/43 weiterarbeiten,
bis durch die Ablösung von Generaldirektor Popp die
Fahrzeugentwicklung sofort eingestellt werden musste –

und fahrfähige Prototypen, die es tatsächlich schon gab, verschrottet wurden!

1939: Die Kamm-Wagen K-1, K-4, Typ 332

Professor Wunibald Kamm hatte 1930 in Stuttgart die Leitung eines kleinen Forschungsinstituts an der Technischen Hochschule übernommen, das später berühmt gewordene FKFS (Forschungsinstitut für Kraftfahrwesen Stuttgart). Hier entwickelte er als Institutsleiter, Lehrer und genialer Techniker seinen maßgebenden Beitrag zur Automobil-Aerodynamik. Schon 1931/32 hatte er in Vorlesungen eine Idee angedeutet: Er wolle dem modernen Kraftfahrzeug „den Schwanz abschneiden". Damit stellte er sich in krassen Gegensatz zur damals aktuellen Aerodynamik-Theorie, insbesondere vertreten durch Paul Jaray, einem Wiener Flugzeugkonstrukteur und Ingenieur. Dieser hatte Patente auf aerodynamische Wagenformen erhalten, die allesamt auf eine Art Schneide oder Spitze am Heck hinausliefen, ähnlich wie wir es von der berühmten Tropfenform kennen. Kamm hielt diese spitz auslaufenden Heckformen für platzraubend und uneffizient, deshalb sein Gegenvorschlag: Er dachte an einen sogenannten Heckspiegel, eben

das, was wir heute als abgeschnittenes oder Kamm-Heck bezeichnen. Die Auftragsforschung des Instituts brachte genügend Mittel ein, um die ersten Versuchswagen bauen zu können, nachdem ein entsprechendes Patent über eben diese Heckform 1935 zur Verfügung stand. Mit dem DRP (Deutsches Reichspatent) 743 115 ausgerüstet, schritt der Professor zur Tat und ließ mehrere Versuchswagen anfertigen. 1938/39 entstand der erste Versuchswagen mit BMW Technik, ausgerüstet mit einem 3,5-Liter-Motor, wie er in den neuen Autobahn-Limousinen vom Typ 335 Verwendung fand. Kamm hatte hier in enger Zusammenarbeit mit dem Münchner Technik-Chef Fritz Fiedler ein Chassis für seine Zwecke überarbeiten lassen. Als erstes wurde der niedrigdrehende Langhuber um fünf auf 85 PS gedrosselt, schließlich sollte ein sparsames Reisefahrzeug für die Autobahn entstehen. Hinzu kam eine Art von Overdrive, um die Drehzahl auf ebenen Autobahnstrecken zu senken. Der Rollwiderstand verringerte sich durch ein ausgeklügeltes System, das den Reifendruck während der Fahrt verstellen konnte. Darüber saß eine völlig glatte, revolutionäre Karosserie mit Kamm-Heck. Als Luftwiderstandsbeiwert für den K-1 wurde damals 0,23 errechnet, was die stromlini-

Prof. Kamms erster (und berühmtester) Versuchswagen: Vollstromlinienwagen K-1 von 1938/39 auf Basis des BMW 335, hier bei Testfahrten in den Alpen fotografiert. Die Karosserie kam von Vetter in Stuttgart.

Das ingeniöse Karosserie-
gerippe zu dem unten ge-
zeigten Coupé.

Ein Werkswagen der
Münchner Entwickler, der
aber nicht für Rennen eingesetzt wurde. Die hoch-
gezogene Heckpartie ergibt
günstige Strömungsverläufe.

engläubige deutsche Autopresse zum Aufschreien brachte.
Tatsächlich lief dieser Wagen, mit etwa 1.500 Kilogramm
wesentlich schwerer als der echte 335, über 170 Stundenkilometer, verglichen mit den 145 Sachen des Originalwa-
gens, und Kamm schrieb später sogar von 183 Kilometern
pro Stunde – wobei der Benzinverbrauch für damalige Zeiten ungeheuer niedrig ausfiel. Das Klassenziel war also erreicht, der K-1 galt als Sensation. Nebenbei gab es hier
schon den sich elektromagnetisch bei Bedarf zuschalten-
den Ventilator und auch an eine moderne Heiz- und Belüf-
tungsanlage hatte der Professor gedacht, schließlich sollte
ein sparsames und komfortables Fahren ermöglicht werden. Natürlich bot der Riesenwagen fünf Personen viel
Platz und einen soliden Gepäckraum. Mit dem fertigen

Wagen wurden umfangreiche Fahrversuche vorgenommen, die bis weit in die Alpen hineinführten. Dabei er-
probten der Professor und seine Mannen gleich auch die
im Hause entwickelten Doppel-Spaltflossen, als Schutz
gegen Seitenwinde beispielsweise. Man schreckte in Stuttgart vor nichts zurück, um dem gewöhnlichen Autobahn-
benutzer das Fahren sicherer zu machen: So waren in
einem FKFS-Patent die Flossen sogar aus durchsichtigem
Material vorgesehen.

Als Resultat der schwäbisch-bayerischen Liaison entstand alsbald bei BMW eine neue Zweiliter-Limousine,
die schon 1940 auf den Markt kommen sollte. Dieser Wagen, dessen Karosserieform vom „künstlerischen Leiter"
Wilhelm Meyerhuber entworfen worden war, trug dann
auch ähnliche Linien wie K-1 zur Schau, speziell das K-
Heck. Der Typ 332 mit 385er-Karosserie, wie er offiziell
hieß, in vollaerodynamischer Pontonlinie wurde auch
tatsächlich in einigen wenigen Versuchsexemplaren gebaut, der Ausbruch des Zweiten Weltkriegs verhinderte
den geplanten Serienanlauf.

Damit war die Verbindung von Stuttgart nach München aber nicht gekappt, denn ein zweites 335-Chassis
konnte um 1940 beschafft werden. Hier trat als Besteller
ein Privatmann auf, konkret ein hoher Funktionär der
NSDAP. Dieser sorgte vermutlich für die Finanzierung des
Fahrgestells und Kamm nutzte diese Möglichkeit, um eine
für die Serienfertigung geeignetere Form zu entwickeln.

Statt der glattflächigen Hülle des K-1 erhielt dieser K-4 ge-taufte Wagen eine ähnliche Form, aber mit Kotflügelan-deutungen und der typischen BMW Niere. Als Zugabe gab es auch hier das Kamm-Paket, beinhaltend Doppel-Spaltflossen, Overdrive und weitere Goodies. Dieser halb-offizielle Wagen war 1941 fertiggestellt worden, als an Schnellfahren (offiziell) schon nicht mehr zu denken war. Die Stuttgarter Karosseriefirma Reutter, nach dem Krieg durch ihre Porsche-Fertigung bekanntgeworden, hatte den K-4 in konventioneller Art und Weise aufgebaut, und die Pläne dazu haben sich bis heute erhalten. Den ersten Kamm-Wagen hatte dagegen Karosserie Vetter, ebenfalls in Stuttgart, gebaut.

Der K-1 überlebte den Krieg und war in Stuttgart ein-gemottet, solange Professor Kamm in den USA tätig war. Kamm übernahm ihn später wieder, um ihn wegen allge-meiner Verschleißerscheinungen irgendwann entweder vernichten zu lassen oder wegzugeben, jedenfalls ward K-1 nicht mehr gesehen. Der vierte Kamm-Wagen konnte noch nach Innsbruck ausgelagert werden, wurde aber von den Franzosen entdeckt und landete zwecks Untersuchung in Paris. Dort besaßen die französischen Autohersteller ein „Laboratorium", in dem der K-4 bis auf die letzte Schrau-be zerlegt wurde. Alles wurde 1948 fein säuberlich in ei-nem Untersuchungsbericht festgehalten – und dann verlor sich die Spur.

1939: Die Renn-Limousinen

BMW und Kamm hatten schon seit den frühen 30er-Jah-ren guten Kontakt, nachdem Kamm Windkanalmessun-gen für neue BMW Modelle durchgeführt hatte. Er beriet die Münchner zudem bei der Formgestaltung ihrer Renn-sportfahrzeuge, woraus auch Versuchsfahrzeuge resultier-ten. Diese auf Basis des BMW 328-Sportwagens gebauten Fahrzeuge, sogenannte „Rennlimousinen", hatten nicht nur das Kamm'sche Heck erhalten, sondern auch aerody-namisch günstige Karosserielinien. Das Design stammte wieder von Meyerhuber, während die konstruktive Aus-legung der Karosserie von dem engagierten Karosseriekon-strukteur Kaiser entwickelt wurde. Als Zugabe gab es dann noch einen Stahlrohrrahmen ähnlich den klassischen Ge-rippen der Karosserie Touring. Dank der Verwendung von Alu ergab sich ein sensationelles Leistungsgewicht. Nach-dem auch die Motoren ihre „Spritze" erhalten hatten, ent-standen so absolut wettbewerbsfähige Rennsportfahrzeu-

ge. Zwei ähnliche Wagen wurden um 1938 fertiggestellt, AM 1007 und AM 1008. Eine dieser Rennlimousinen überlebte den Zweiten Weltkrieg, um in der Werkstatt des Veritas-Gründers Ernst Loof zu landen. Nach einigen zag-haften Rennversuchen in den ersten Nachkriegsjahren wurde sie ausgeschlachtet. Ihre „Eingeweide" dienten dann der Erstellung eines neuen Veritas-Rennwagens.

BMW 332, 1939 als Prototyp fertiggestellt. Diese Zweiliter-Limousine trug als Nachfolger des 326 die 385-Karosserie in Kamm-Linie. 1940 sollte sie in Serie gehen.

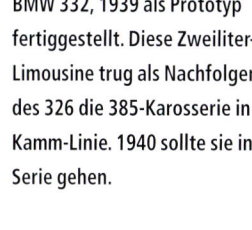

Die Carozzeria Touring zeichnete für diesen Wagen verantwortlich, in dessen be-wegter Geschichte der Sieg in der Mille Miglia 1939 einen Höhepunkt darstellte. Der restaurierte Wagen mit seinem Kamm-Heck basiert auf dem 328-Rennsport.

Prototypen der Nachkriegszeit

Die Entwicklungsarbeit nach dem Krieg basierte auf verschiedenen Linien: Einerseits der sogenannte „Großwagen" (501 usw.), andererseits Kleinfahrzeuge, im Wesentlichen auf Grundlage des bewährten Motorrad-Boxermotors. Drittens die moderne Linie des Mittelklasse-Autos, bis zu deren Verwirklichung im Jahr 1961 viel Schweiß und Tränen flossen.

Steht verlassen in der Werkstatt: Der nur grundierte Wagen Nr. 2 für das Kleinwagen-Projekt Typ 331.

1949: Typ 331

Fritz Ullrich, der seine lange Berufskarriere als Stellmacher-Lehrling bei Ludwig Weinberger in München begann und sich noch gut daran erinnern kann, wie er am berühmten Bugatti Royale für Dr. Fuchs mitgearbeitet hatte, erzählte mir vom „kleinen BMW" aus den Jahren 1949/50. Gemeint ist der Typ 331, ein kleines Coupé mit Platz für zwei Personen vorne und einer Notsitzbank hinten. Der Nomenklatur nach wäre so ein Dreier-Typ eigentlich eine Vorkriegsentwicklung gewesen, während die neue große Limousine 1949 intern Typ 541 getauft wurde und in der Serie dann 501 hieß. Wir wissen aber heute, dass unter den noch im Krieg entwickelten Prototypen bei BMW solch ein Typ nicht vorkam. Der Not der Zeit gehorchend, war dieses Fahrzeug von vornherein als Kleinwagen konzipiert worden. Und wie gut so ein Wagen in die schwierigen Nachkriegsjahre gepasst hätte! In Nachtarbeit, streng geheim und deshalb hinter verschlossenen Türen, war dieser Wagen in der Entwicklungsabteilung angefertigt worden, worunter man sich damals ein paar karg ausgestattete Räume vorstellen muss.

Intern hieß dieses Auto nur „Sportzweisitzer", wie beispielsweise Gesprächsnotizen von 1949 beweisen, als Peter Szymanowski händeringend einen erfahrenen Sattler zur Anfertigung von Innenausstattung und Polsterung dieses Wagens suchte. Erst probierte man es bei der Stuttgarter Karosseriefirma Reutter, die zu dieser Zeit an den Prototypen für den 501 („Typ Rheinland") laborierte, aber keinen Mann entbehren konnte. Schließlich warb man dann Erwin Kauderer, den Sattlermeister von Karl Baurs Karosseriebetrieb in Stuttgart-Berg ab. Erst sollte er nur für einige Tage in Milbertshofen beim Ausschlag des kleinen 331 aushelfen, dann blieb er aber da, um BMW vor der Pension nicht wieder zu verlassen. Meister Kauderer wurde zum leitenden Mann für die ganze Innenausstattung bei BMW.

Das Design des 331 (der nach neuer Nomenklatur auch als 531 bezeichnet wurde) in bester Vorkriegslinie stammte von Peter Szymanowski, der hier auch für eine

Ganzstahlkarosserie optierte. Allein das hätte schon genügt, um der Konstruktion den Todesstoß zu versetzen, nachdem das Presswerk von Ambi-Budd in Berlin, Vorkriegslieferant für viele BMW Pressteile, fest in sowjetischer Hand war. Auch beim Chassis wollte Szymanowski neue Wege gehen: Er ließ eine Art Zentralrahmen konstruieren, ähnlich einem Kasten, in dessen Inneren die Kardanwelle lief. Dieser Kastenrahmen hatte vorne und hinten Ausleger, an denen Motorblock beziehungsweise Hinterachse angebracht waren. Konstrukteur war Alfred Böning, der auch für die gleichzeitig entwickelte 501-Limousine die Grundkonzeption entwickelte. In einer Aktennotiz vom 8. August 1949 hielt er dazu fest: „Von Herrn Dir. Donath wurde am heutigen Entwurf beanstandet, dass das Fahrgestell im Verhältnis zur Karosserieform zu wertvoll wäre. Zu einem solchen Fahrgestell müsste eine Form ähnlich 327 verwendet werden. Ein neuer Entwurf auf dieser Grundlage wird durchgeführt."

Als Antrieb sollte ein neuer 600-Kubik-Boxermotor dienen, dessen zwei Zylinder etwa 20 Pferdestärken entwickeln sollten. Dieser Motor, gekoppelt mit einer Zwangsluftkühlung durch Gebläse, saß vorne unter der Haube und trieb via Kardanwelle die Hinterachse an. Viel mehr wissen wir auch nicht über diesen kleinen BMW, denn der Vorstand wollte von diesem damals eigentlich marktgerechten Fahrzeug plötzlich nichts mehr wissen,

hatte doch Direktor Donath den Mitarbeitern auf einer Betriebsversammlung klipp und klar verkündet, dieser Kleinwagen würde nicht gebaut werden, weil er einfach nicht zu BMW passe.

Der einzige fahrfähige Prototyp (eine zweite Karosserie in grundiertem Zustand als Grundlage für die Fertigung war ebenfalls fertiggestellt) verstaubte fortan in einer abgelegenen Halle. Verkaufsdirektor Paul G. Hahnemann schenkte ihn 1964 dem schwedischen BMW Importeur Söderström für dessen Oldtimer-Sammlung. Dort, in Malmö, steht er auch heute noch, wenn man ihm im Laufe der Jahre auch eine Zweifarbenlackierung in guter alter Vorkriegstradition spendiert hat, um die klassische BMW 327-Linie noch mehr zu betonen.

Das BMW Design-Center um 1939: In der Bildmitte Wilhelm Meyerhuber, „Künstlerischer Leiter". Im Kittel Karl Schmuck, langjähriger Chef-Modelleur. Links ein 1:1-Modell für die Limousine 332. Rechts der Sportwagen AM 1009.

Ein Nachfolger für das 327-Coupé?

Große Reiselimousine im
US-Look, der witzigen Meyer-
huber-Zeichnung nach
offenbar in Schottland in
Bewegung.

Für die Produktion gedachte
repräsentative Limousine auf
335-Basis: Ambi-Budd „Holz-
wagen". Frontpartie mit
Anklängen an den Cord 810
von 1936, der stilistische
Bezug zum typischen BMW
Gesicht fehlt aber.

1950/1965: Von der Isetta zur „Neuen Klasse"

Die kleine Klasse begann mit dem 331. Danach folgte
durch Ankauf der Isetta-Lizenz eine ganze Reihe unter-
schiedlicher Zweizylinder-Konzepte, an denen außer
dem Werksteam sowohl freischaffende italienische und
deutsch-amerikanische Designer mitarbeiten, ebenso
wie auch beispielsweise der Wiener BMW Importeur Denzel. Diese Tatsachen sind hinlänglich bekannt, weit weniger verbreitet ist jedoch, was sie eigentlich entwarfen. Wir
zeigen hier einige Entwicklungen aus dem kleinen und
mittleren Bereich, die zum großen Teil auch die 1:1-Stufe
erreichten, manchmal sogar als fahrfähige Prototypen wie
der 1,6-Liter-Vorschlag, den das „8 Uhr-Blatt" anno 1961
bei Versuchsfahrten fotografierte.

Entwurf für ein elegantes
Zwei-Sitzer-Cabriolet
schon mit durchgezogenen
Kotflügeln.

Die Karosserieentwicklung nach dem Kriege lag in den Händen von Peter Szymanowski (Ex-Eisenach), dessen Assistent Wilhelm Hofmeister dann nach dem kurzen Interregnum von Kurt Bredschneider für lange Jahre die Design-Führung übernahm. In den ersten Jahren stellte Technik-Vorstand Kurt Donath die Weichen. Ihm standen im Laufe der Jahre verschiedene Entwicklungs-Chefs zur Seite, die teils nur kurz bei BMW waren. Wesentlichen Einfluss auf die Arbeit der Designer hatte auch Alexander von Falkenhausen, ein Vollblut-Motoren-Mann und begeisterter Rennfahrer.

Die auch nach dem Krieg kleine Design-Crew wurde von mehreren Karosserie-Konstrukteuren wie zum Beispiel Sander und Lewandowski unterstützt, außerdem gab es freie Mitarbeiter wie Palm, Huckenberg und Passon, die als professionelle Stylisten in den frühen Jahren aushalfen. Die Vielfalt der Entwürfe vermittelt ein gutes Bild von den unterschiedlichen Auffassungen und Strömungen in den turbulenten Nachkriegsjahren. Der Ex-Designchef Wilhelm Meyerhuber beriet BMW in der Szymanowski-Ära freiberuflich. Seine zum Teil in modernster Linienführung gehaltenen, meist mit Buntstiften angefertigten Skizzen haben sich in einer Art Schatztruhe im Münchner Werk erhalten. Das kleine Design-Team bestand bei seinem Eintritt 1964, wie sich der langjährige BMW-Designer Manfred Rennen erinnert, aus ihm selbst, Wolfgang Seehaus, Dieter Reich und für das Interieur Johann Mühlstedt. Der 1910 geborene Georg Bertram fungierte als Studioleiter. Nach den Stationen Karosserie Gläser, DKW Zwickau, BMW Eisenach, Karosserie Hebmüller und etwa ab 1949

Vorläufer des 700 Coupés (Denzel), als Prototyp gebaut.

Auto Union/DKW Ingolstadt finden wir ihn mindestens seit 1957 bei BMW München zuständig für das Exterieur-Design unter Chef Hofmeister. Um 1970 wagte er den Sprung als Studioleiter zu Audi, aber leider fand 1973 seine Karriere durch seinen Unfalltod ein abruptes Ende.

Bei BMW kam nach Willi Hofmeister Claus Luthe zum Zug, der Mann, der nach der Designleitung bei NSU und sechs Jahren bei Audi 1976 die Designverantwortung bei BMW übernahm. Sein 1992 eingetretener Nachfolger Christopher (Chris) E. Bangle strukturierte 2004 den Designbereich der BMW Group um, so dass heute Adrian van Hooydonck das eigentliche Auto-Design führt, während in den Abteilungen Motorrad, M+ Individual, Mini und Rolls Royce je ein anderer Kollege das Sagen hat.

BMW 1000, ein Bertram-Rendering von 1960.

Anregung von Goertz?
BMW 1600, 1959 von
Huckenberg gezeichnet.

Einblick in das Design-
Studio der 60er-Jahre mit den
Gestaltern Rennen, Bertram
und Seehaus.

In der Entwicklung wurden auf technischer Seite frühzeitig sowohl Kunststoff-Karosserien und Elektrofahrzeuge angedacht als auch neue V8-Motoren für Limousinen und Coupés konstruiert, und bei Durchsicht der Projektlisten von der „Neuen Klasse" bis hin zu den aktuelleren E-Nummern finden sich neben einer Mittelmotor-Limousine (!) auch solche Spezialitäten wie ein Frontantriebs-Projekt.

1954: Der Loof-Prototyp

Ernst Loof, der mit seinen Veritas-Wagen Schiffbruch erlitten hatte, begab sich nach diesem Abenteuer unter die Fittiche von BMW. Dort war man aber auch in Nöten:

Dixi 800 (!) von 1956.
Zeichnung von Erich Palm.
Als 1:1-Modell realisiert.

Solides Coupé mit einer
Frontpartie Richtung 503,
Entwurf: Georg Bertram.

Noch ein Bertram:
Die große und repräsentative
V8-Limousine.

Kleines, betont trapezförmig
gehaltenes Coupé.

Deutschlands sportlichste Automarke wurde vom Konkurrenten Mercedes-Benz überflügelt, die Untertürkheimer hatten mit dem 300 SL einen Wagen in den Ring geschoben, dem BMW nichts entgegenzusetzen hatte. Auf Basis des V8-Chassis vom neuen Typ 502 sollte 1954 daher ein neuer Sportwagen entstehen und Loof ließ sich grünes Licht geben, um selbst einen Entwurf abzuliefern.

Die Basis bildeten Veritas-Zeichnungen. Dass dieses Fahrzeug nicht, wie oft behauptet, nur ein privater Genie-Blitz von Loof war, lässt sich daran dokumentieren, dass der Münchener Technik-Chef Fritz Fiedler persönlich sei-

Der BMW Sportwagen von Ernst Loof mit 502-Mechanik, 1954 bei Karl Baur in Stuttgart gebaut.

ne Wünsche detailliert in Stuttgart anmeldete. 1954 wurde in Stuttgart-Berg nach alter Karosseriebauer-Sitte ein Aufbau-Teil nach dem anderen geklopft, bis Betriebsleiter Wagner zufrieden war und grünes Licht für die Komplet-

tierung der Karosserie gab. Der ursprüngliche Entwurf vermittelte den Eindruck purer Sportlichkeit, wie Fotos zeigen.

Die überdekorierte Form, die München dem Wagen später verpasste, führte einerseits zum Erfolg beim Concours d'Elegance in Baden-Baden, andererseits offiziell zur Ablehnung durch den Amerika-Importeur Maxie Hoffman. Ernst Loof war natürlich mit der überaus freundlichen Aufnahme des Wagens durch das Publikum sehr zufrieden, aber hinter den Kulissen schob Hoffman schon seine Sportwagen-Ideen auf den Besprechungstisch. Wir wissen alle, dass er einen jungen deutsch-amerikanischen Designer förderte, der seinen eigenen Vorschlag richtig umsetzte und damit bei BMW auch sofort großen Anklang fand. Das war der 2006 im hohen Alter von 92 Jahren verstorbene Albrecht Graf Goertz, der diesen neuen Sportwagen dann als Typ 507 Touring Sport zusammen mit seinem Modelleur Johann König realisierte.

Der Loof'sche Wagen blieb fahrfähig erhalten, denn BMW gab ihn, damit er „unsichtbar" würde, schnellstens in die Hände eines italienischen Rennfahrers. Über weitere Besitzer in Italien fand das Fahrzeug wieder nach Deutschland, um dort durch die Hände mehrerer Liebhaber zu gehen. Erst der heutige Besitzer, ein Sammler, teilrestaurierte ihn und erweckte ihn damit zu neuem Leben.

Der Loof-Wagen als Filmstar

Bevor der Loof'sche Wagen nach Italien ging, war er noch in dem deutschen Spielfilm „Die goldene Brücke" von 1956 der Star. Curd Jürgens spielte darin den Werksleiter bei BMW. Seine (fiktive) Turbinenwagen-Entwicklung gab ihm die Möglichkeit, seinen Nebenbuhler Paul Hubschmid als Rennfahrer auf die gefährliche Testfahrt mit dem neuen Turbinenwagen zu schicken, als welcher der Loof'sche Prototyp dank eindrucksvoller Flossen verkleidet worden war. Und so sah man den beeindruckenden Wagen, der wahrscheinlich mittels eines von Falkenhausen bearbeiteten Motors außerordentlich schnell war, auf der Autobahn bei München in Rekordzeit die Teststrecke passieren.

1955: Der Adenauer-BMW Typ 505

Auch der erste Bundeskanzler unserer Republik sollte endlich des Segens eines BMWs teilhaftig werden, so lautete ein Beschluss der BMW Oberen 1955. Nachdem eine völlige Neukonstruktion nicht möglich war, sollte ein neuer, moderner Aufbau die gewünschte Wirkung erzielen. Schon 1952 waren in der Entwicklungsabteilung von Modelleur Johann König am Modell des 501 erste Veränderungen in der Heckpartie gestaltet worden, hin zu einer flüssigeren Kotflügellinie. Wie es heißt, wurden zwei Chassis vom Typ 502 für diesen Zweck verlängert und an die schweizerische Karosseriefabrik Ghia in Aigle geschickt. Dort sollte laut Kommission ein repräsentativer Luxuswagen für hochgestellte Persönlichkeiten entwickelt und in zweifacher Ausführung gebaut werden. Zu den Besonderheiten, die vorgesehen waren, zählten sowohl der verlängerte Radstand als auch der Einbau einer Trennwand – was die Stuttgarter Karosseriefabrik Baur 1953 für den Typ 501 zum Preis von 1.000,- DM schon angeboten hatte.

Damit war klar, dies würde ein Chauffeur-Auto werden, und so etwas passte sehr gut zu unserem Bundeskanzler. Um dieses Ziel zu erreichen, entwickelte Ghia/Aigle ein voluminöses Auto mit gestreckter, modischer Linienführung, das in der Frontpartie durchaus Anklänge an den 503 zeigte. Soweit heute bekannt, arbeitete der Karosseriekonstrukteur Kurt Bredschneider, ursprünglich wohl bei der Auto Union (Sachsen) beschäftigt, dann bei der neugegründeten Auto Union Ingolstadt als Entwerfer tätig, bei BMW leitend an der Gestaltung dieses Aufbaus mit. Bredschneider war 1955 kurzzeitig als Nachfolger von Szymanowski der Chef-Karosserieentwickler.

Ghia hatte keine Zeichnungen, nur ein eilends fertiggestelltes Modell mit dem Auftrag erhalten, und deshalb war noch erhebliche Feinarbeit an der gelieferten Rohkarosserie nötig. Falze fehlten zum Teil ganz und die zu rundliche Frontpartie wurde unter ausgiebiger Verwendung von Zinn zu der gewünschten Linienführung gebracht. Warum der Auftrag gerade an diese in deutschen Automobilkreisen nicht unbedingt bekannte Karosseriewerkstatt vergeben wurde, ist heute nicht mehr nachvollziehbar. Man kann nur vermuten: Bekanntlich ließ sich BMW über lange Jahre sowohl von Bertone als auch von Michelotti beraten, und Michelotti arbeitete für die Schweizer quasi als Haus-Stylist.

Im Atelier von Ghia-Aigle: Die Holzkonstruktion zur Anfertigung der Blechteile für den Typ 505.

Kartoffelchips statt Kanzler

Ob Konrad Adenauer die Probefahrt mit dem BMW Typ 505 gefiel, ist nicht überliefert, wohl aber die originelle Story, ihm sei beim Aussteigen sein Hut, wie stets ein schwarzer Homburg, vom Kopf gerutscht, und diese Kleinigkeit soll über den Kauf oder besser den Nichtkauf des Wagens entschieden haben. Sei es wie es sei, BMW verlieh den Edelwagen gelegentlich für Repräsentations-Zwecke, um ihn dann irgendwann zu verkaufen. Erst viele Jahre später tauchte er wieder auf, heruntergekommen zum Werbewagen für eine Kartoffelchips-Firma, und statt der repräsentativen Lackierung trug er nun eine schäbige schwarze Livree.

Natürlich sparte man nicht mit den damals modischen Attributen wie der sogenannten Panoramascheibe und flüssigeren Seitenlinien, die irgendwie doch an den Mercedes 300 in seiner letzten Ausführung (Design von Hermann Ahrens) oder den kurz vorher entwickelten Horch-V8 für Dr. Bruhns von der Auto Union (Design wahrscheinlich von Kurt Bredschneider) erinnerten. Ähnliche Aufbauten in halb klassischer, halb moderner Linienführung wurden damals auch auf Maybach-SW-Chassis von Spohn für die Direktion in Friedrichshafen hergestellt. An luxuriöser Innenausstattung wurde nicht gespart, ob Edelholzfurnier

Der Kunststoff-BMW als 1:5-Modell im Windkanal …

oder Samtvelourstoffe, alles war so gehalten, wie es sich für ein Chauffeur-Auto gehörte. Der in Tag- und Nachtarbeit fertiggestellte Wagen Nr. 1 (so es denn einen zweiten überhaupt gegeben haben sollte) wurde auf der IAA 1955 in Frankfurt vorgestellt und wie es heißt, konnte man den Bundeskanzler tatsächlich für eine Probefahrt gewinnen. Heute befindet sich dieses Fahrzeug in der Sammlung der BMW AG, wo man ihm eine gründliche Restaurierung angedeihen ließ.

1967: Der Kunststoff-BMW K 67

Anfang 1963 wurde bei Gugelot-Design in Neu-Ulm die Entwicklung eines Sportwagens begonnen. Gugelot-Design mit seiner Wurzel im Mekka der Industrie-Designer, der Ulmer Hochschule für Gestaltung, gedachte natürlich ein völlig neuartiges Konzept durchzusetzen. Das Fahrzeug sollte komplett aus Kunststoff entstehen, geschlossen wie auch offen fahrbar sein und nebenbei noch gute Fahrleistungen durch entsprechende Aerodynamik-Qualitäten bieten. Das verwendete Material namens Hartmoltopren war den Designern aus ihrer alltäglichen Arbeit vertraut, und nach der Konstruktion einer Bodengruppe kam schnell der Kontakt sowohl zum Kunststoff-Hersteller Bayer als auch zur BMW AG zustande. Die Liste der aus Kunststoff gefertigten Teile (immerhin 47 Positionen) beinhaltete alles nur denkbare, angefangen mit Karosserieteilen über Innenausstattung und Bodengruppe bis hin zu Fahr- und Triebwerksteilen: Kotflügel, Benzintank, Bremsbeläge, Zündkerzenkappen, Buna-Reifen und und und … Schließlich war das Projekt ja auch ein Leistungsbeweis für die Bayer AG mit ihrem umfangreichen Lieferprogramm und ihrer innovationsfreudigen Entwicklung. 1964 wurde auch die Münchner Flugzeugfirma Messerschmitt Bölkow Blohm (MBB) in das Projekt eingebunden, hatte sie doch schon zwischen 1941 und 1945 Flugzeug-Landeklappen in Kunststoff-Sandwichbauweise gefertigt. Zuständig bei MBB war seit 1966 Ing. Hans-Georg Raschbichler, während bei der Bayer AG Dipl.-Ing. Peter Hoppe über dieses Thema referierte. Dieser Verbund von Technik und Design führte zu einem eleganten Sportwagen in klarer Linienführung, dessen revolutionäre Idee ein herausnehmbares Dach-Mittelstück war, das im Kofferraum verstaut werden konnte. Bei dieser Art von Karosserie blieb der hintere Dachteil wie ein Überrollbügel stehen. So entstand im Nu aus einem Coupé ein Targa-Cabriolet.

Als Hersteller der Prototypen war die Waggon- und Maschinen-Fabrik Donauwörth (WMD, heute Hubschrauberhersteller Eurocopter) avisiert, deren Verarbeitungs-Know-how auf dem Kunststoffsektor bekannt war. Im Sommer 1966 wurden mit dem Prototyp Nr. 1 erfolgreich die ersten Torsionstests bei BMW durchgeführt und auch der Rütteltest (Wechsel-Verdrehversuch) im Milbertshofener Werk.

Sechs Millionen Lastwechsel wurden glänzend bestanden. Als Antrieb für den Prototyp Nr. 2 diente die 120-PS-Maschine des BMW 2000 ti, dessen Fahrwerk (mit auf 2,3 Meter reduziertem Radstand) ebenfalls verwendet wurde. Mit 749 Kilo Leergewicht schlug die fahrbereite Bodengruppe zu Buche, wobei die Ausmaße von vier Metern Länge und 1,7 Metern Breite eher einem Kleinwagen entsprachen.

Im Herbst 1966 konnten schon Testfahrten mit der unverkleideten Bodengruppe durchgeführt werden, wobei man außer Bundesstraßen nach guter alter Renntradition auch den Nürburgring benutzte. Der BMW Rennfahrer Hubert Hahne äußerte sich dabei begeistert über die offene Version: „Es gibt wohl kein offenes Fahrzeug, kein Cabriolett, das ähnlich stabil ist."

Als Maximalgeschwindigkeit bei den Tests fuhr man Tempo 170, wobei das fertige Auto natürlich eine wesentlich höhere Endgeschwindigkeit zuließ. Die Straßenlage war zeitgenössischen Berichten zufolge einfach hervorragend. Folglich wurde zur Hannover-Messe 1967 diese Bodengruppe ausgestellt, wenig später folgte der komplettierte Wagen auf der „K'67" in Düsseldorf. Auf beiden Messen war der Kunststoffwagen die Sensation und voreilige Presseberichte über die erfreuliche Zukunft der Kunststoff-Automobile ließen die Stahllieferanten zittern. Nicht die Reparaturmöglichkeiten, die Herstellungskosten waren damals (wie heute) das Problem. Alle Hoffnungen auf einen Serienbau dieses Wagens waren verfrüht.

Zwar gab es damals schon entsprechende Erfahrungen, beispielsweise von der Herstellung der Chevrolet Corvette, aber sie ließen sich nicht ohne weiteres auf deutsche Verhältnisse übertragen. Sonstige Entwicklungen wie der weiße BMW 502 von Jacobsen & Steinberg mit einer Cabriolet-Karosserie aus Kunststoff, den der Autor noch in den 70er-Jahren in Berlin stehen sah, fanden nur aus privater Initiative statt. Bei MBB hat man die gewonnenen Erfahrungen bei der Entwicklung dieser Bodengruppe dazu

benutzt, um darauf aufbauend den Glas-Geländewagen in Kooperation mit BMW weiterzuentwickeln (erster Prototyp 1971). Auch ein Kleintransporter mit elektrischem Antrieb wurde gebaut (erster Prototyp 1966), der seine Bewährungsprobe 1972 bei den Olympischen Spielen in München hatte.

Ein Schnittmodell des Gugelot-Bayer-MBB-BMW-WMD-Wagens steht heute im Deutschen Museum in München, weiter existiert die Bodengruppe ohne eigentliche Karosserie und natürlich der komplette, fahrfähige und heute noch zugelassene Wagen mit dem Kennzeichen „LEV-K 67".

… und als fertiger Wagen vor passender Kulisse.

Prototypen mit Elektro- und Gasantrieb

Bei jedem großen Automobilkonzern wird irgendwann über andere Antriebsarten nachgedacht, sei es nun über den Stirling-Motor, eine Dampfmaschine, ein Turbinenauto, das Wasserstoffauto oder vielleicht den sanften Antrieb per Strom. Auch bei BMW war das so, wobei die Vergangenheitsform lediglich besagen soll, dass man schon vor mehr als 30 Jahren über andere Antriebsarten nachdachte. Bei BMW wurden versuchshalber sowohl Fahrzeuge mit Elektro-, Wasserstoff- als auch Flüssiggasantrieb realisiert. Sogar eine kleine Turbine wurde entwickelt (BMW Typ 6022, mit Einwellen-Gasturbine mit Radial-Verdichter, mit 250 PS bei 6.000 Umdrehungen).

1970: Projekt E7

Dem Elektrofahrzeug wurde damals (wie heute) eine große Zukunft prophezeit und lange vor der großen Ölkrise lagen die Pläne vor. Ab 1967 wurde über ein batteriebetriebenes Fahrzeug nachgedacht und der seit 1951 bei BMW tätige Dipl.-Ing. Manfred Huber als Chef der Elektro-Entwicklung (Nachfolger des ersten Elektro-Chefs Dr. Suppe) nahm die Sache selbst in die Hand. Zusammen mit seinem Hauptabteilungsleiter Günter Hofele wurde um 1970 auf Basis eines 1602 ein funktionsfähiges Elektromobil geschaffen. Im Lastenheft der intern E7 benannten Konstruktion stand, bei unverändertem Platzangebot, eine Beschleunigung von null auf 50 Stundenkilometer in

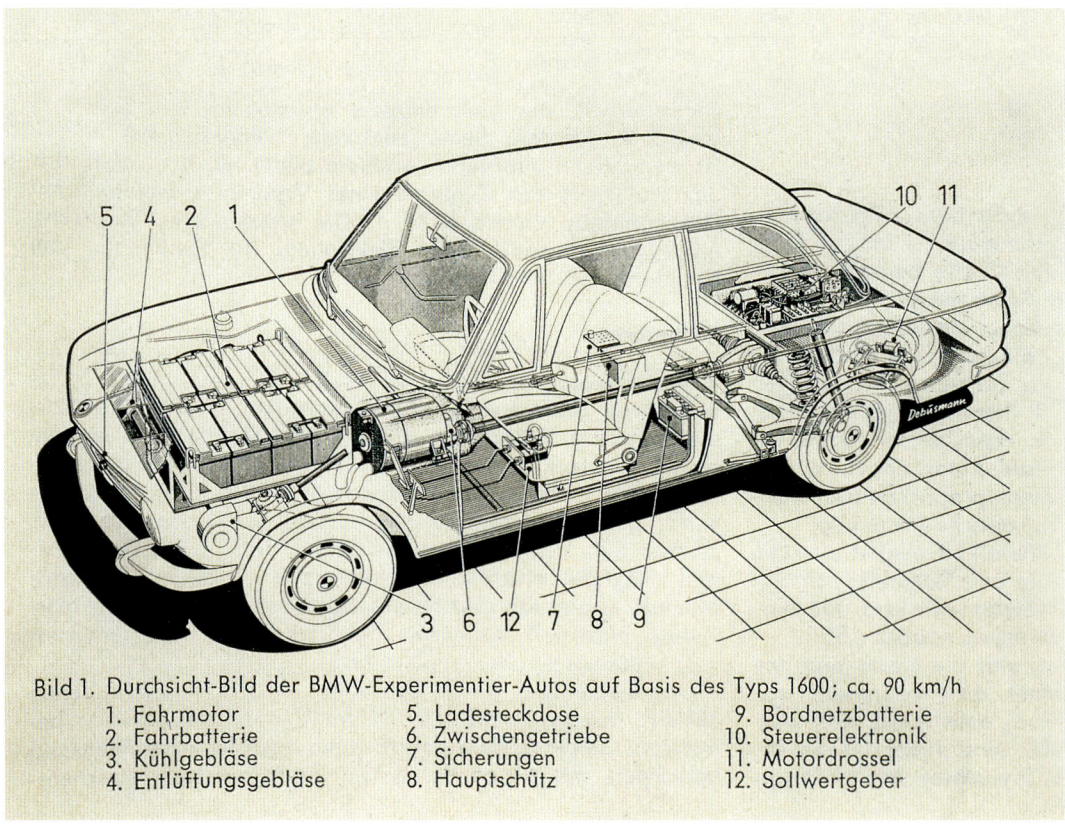

Bild 1. Durchsicht-Bild der BMW-Experimentier-Autos auf Basis des Typs 1600; ca. 90 km/h

1. Fahrmotor
2. Fahrbatterie
3. Kühlgebläse
4. Entlüftungsgebläse
5. Ladesteckdose
6. Zwischengetriebe
7. Sicherungen
8. Hauptschütz
9. Bordnetzbatterie
10. Steuerelektronik
11. Motordrossel
12. Sollwertgeber

Der E7 im Schnitt.

maximal acht Sekunden und eine Spitze von mindestens 80 km/h. Das Mehrgewicht sollte höchstens 350 Kilo betragen.

Die Fahrbatterien wurden im Motorraum untergebracht, während der eigentliche Fahrmotor anstelle des ehemaligen Getriebes seinen Platz fand, von wo er über ein Zwischengetriebe konventionell per Kardanwelle die unveränderte Hinterachse belieferte. Das elektronische Steuergerät konnte unter dem Kofferraumboden anstelle des ehemaligen Benzintanks untergebracht werden. Somit gewann man, wie geplant, das komplette Kofferraumvolumen für das Gepäck. Aus Gewichtsgründen musste ein Batterietyp mit niedrigem Leistungsgewicht gewählt werden, und bei dem damaligen Stand der Technik entschied man sich für konventionelle Bleibatterien als den günstigsten Kompromiss aus Leistung, Gewicht und Preis.

Ein elektrischer Antrieb zwingt zu einigen Um- und Neukonstruktionen, beispielsweise im Bremsenbereich (keine Motorbremse) und bei der Heizung. Hier wurde eine Frontscheibe mit eingelegten Heizdrähten verwendet, wie auch die allgemeine Beheizung nur mit einem elektrischen Heizlüfter gelöst werden konnte. Das Außengeräusch des Elektro-1600ers war natürlich wesentlich geringer und Huber schrieb hierzu: „Bisherige Beobachtungen zeigten aber, dass unachtsame Fußgänger hierdurch besonders gefährdet werden, weil sie sich offenbar nach dem gewohnten Geräusch herannahender lauter Automobile orientieren." Weshalb als erstes eine stärkere Hupe eingebaut wurde.

Erstaunlicherweise lag der Innenlärmpegel ziemlich hoch: „Das pfeifende Kommutatorgeräusch des Motors und das Brummen der in Impulse zerhackten Batteriespannung beim Anfahren … sind also für das Ohr besonders lästig und obendrein schwierig zu dämpfen." Diese Ur-Konstruktion (zwei Wagen wurden gebaut) hatte also die Vor- und Nachteile des Elektroautos deutlich aufgezeigt und es dauerte nicht lange, bis der nächste Anlauf unternommen wurde.

1975: Projekt E29

E7/2 entstand 1974, allerdings nur auf dem Papier. Hier hatte man als Versuchsträger ein kleineres Fahrzeug vorgesehen, nämlich den alten Typ 700. Manfred Huber wollte dem geplanten Stadtauto ein niedrigeres Gewicht mit auf den Weg geben, wobei er hier schon seine Grundidee des

Diesem harmlosen Auto sieht man sein spezielles Innenleben nicht an.

„Citycoupés", wie er es nannte, skizzierte. Dieser Entwurf als Ansatz wurde im folgenden Jahr in die Realität umgesetzt, als der Typ E29 unter der Projekt-Nr. 8624 tatsächlich auf Basis der kleinen 700er-Limousine entstand.

Die Varta AG konnte Ende 1975 wesentlich verbesserte Bleibatterien anbieten und das daraus resultierende Angebot zur Zusammenarbeit nahm Huber gerne an. Das Konzept sah hier, nachdem die Fahrleistungen von Verbrennungsmotoren beim Elektromotor mangels geeigneter Batterien ohnehin nicht annähernd zu erreichen waren, ein Fahrzeug für den Individual-Nahverkehr vor, mit einfachster Bedienung, besonderem Winterkomfort und weitgehender Wartungsfreiheit. Darüber hinaus wurde konsequenter Leichtbau angestrebt, ebenso wie ein Verzicht auf komplizierte Antriebssysteme und Kennungs-

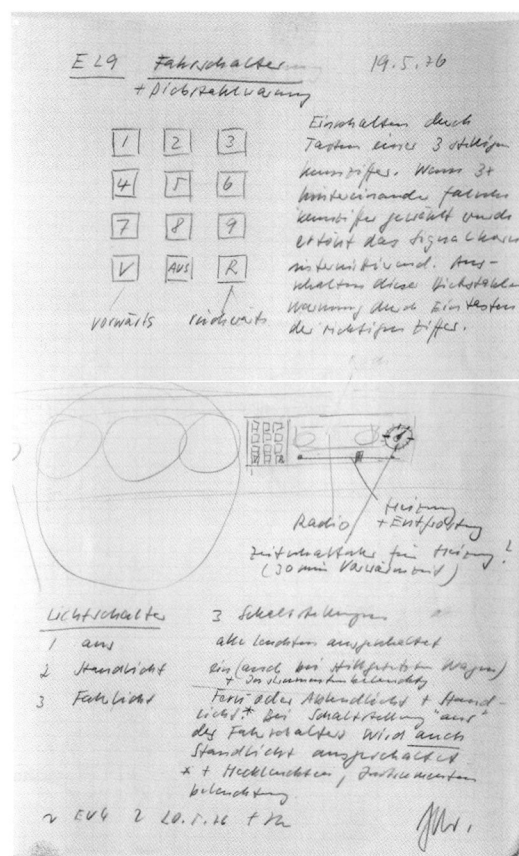

wandler unter Verwendung bewährter und möglichst
preisgünstiger Komponenten.

Motor und Steuerung wurden von Bosch für BMW
entwickelt, die elektrische Speicherheizung wurde zusammen
men mit der Firma Bauknecht konstruiert. Diese sorgte in
Verbindung mit den elektrisch beheizten Fensterscheiben
dafür, dass der Fahrer beim Wegfahren sein Fahrzeug schon
beheizt und entfrostet vorfand. Die Batterie besaß verglichen mit dem Versuchswagen E7 eine neunmal größere
Lebensdauer und das Fahrzeug hatte dank seines niedrigen
Gesamtgewichts ein wesentlich besseres Handling im
Stadtverkehr.

Entwickler war Dipl.-Ing. Karl H. Kapfhammer, seit
1972 bei BMW. Wie er erzählte, wurde mangels großer
Entwicklungskapazitäten immer wieder ein Stück hier und
ein Teil da gefertigt und durchgedrückt, um bei der vorgegebenen engen Terminsetzung und dem knappen Kostenrahmen das Fahrzeug auch entsprechend fertig zu stellen.
Beispielsweise entstanden die notwendigen Blecharbeiten
in der Lehrlingswerkstatt. Nach der grundsätzlichen Entscheidung für die zweitürige 700er-Limousine galt es erstmal, überhaupt ein gut erhaltenes Exemplar im Gebrauchtwagenhandel zu entdecken, denn 1975 war der
Wagen ja lange aus der Produktion. Ein gepflegter 700er
von 1965 wurde angekauft und soweit wie nötig überarbei-

tet, um eine gute Basis für den Umbau abzugeben. Der Wagen erhielt einige Finessen wie die Schaltung per Drucktasten und das elektronische Lenkradschloss in Form einer einzugebenden Code-Nummer, ohne die nicht gestartet werden konnte. Die extra angefertigte „Tankklappe" diente nur zum Herausziehen eines Schuko-Steckers und zum Nachfüllen von Batteriewasser. Der Motor war hier, dem 700er-Konzept entsprechend, an der Hinterachse angebracht worden und die Batterien saßen unter der Rücksitzbank.

Entwickelt wurde ein fahrfähiger Prototyp (heute noch erhalten), der letztendlich als kleiner Stadtwagen so gut ausfiel und so positiv beurteilt wurde, dass Huber daraufhin die Planung für ein völlig neues Fahrzeug beginnen konnte. Schaut man sich heute sein Skizzenbuch der Jahre um 1976/77 an, so entdeckt man als Fortführung der City-Coupé-Skizzen von 1973 ein progressives Auto-Konzept mit völlig neuartigen Ideen wie einen Dreisitzer ohne Rücksitzbank, dafür mit Heckklappe ausgerüstet, mit Scheinwerfern unter dem Windschutzscheiben-Glas und einer Batterie unter der Rückablage, die sich bei einem Crash nach unten absetzen würde.

Diese teilweise patentierten Überlegungen hätten zusammen mit der damals gerade von Varta entwickelten neuartigen Fenox-Batterie sicherlich Furore gemacht, ebenso wie die Gestaltungsvorschläge aus dem BMW Design. Hubers Papier für den Vorstand erbat die Genehmigung zur Fort-

Teurer Umweltschutz

1990 stellte BMW in Zusammenarbeit mit Asea Brown Boveri einen fahrbereiten Prototyp einer elektrifizierten 3er-Limousine vor. Sie wurde dem Umweltschutzreferat der Landeshauptstadt München öffentlichkeitswirksam als Testfahrzeug übergeben. Die im Kofferraum untergebrachte ABB-Hochenergiebatterie sorgte für eine maximale Fahrstrecke von 140 Kilometern – völlig ausreichend für die Verwendung in der City. Tempo 100 wurde als Spitzengeschwindigkeit angegeben. Nur der damals genannte Preis des umweltfreundlichen Einzelstücks hätte für Zurückhaltung bei potentiellen Käufern gesorgt: 300.000,- Mark!

entwicklung des intern E29/2 genannten Wagens, wobei damals (1976) die Gesamtkosten mit 150.000,- DM angesetzt waren. Realisiert wurden Elektroautos erst wesentlich später, und die E1- beziehungsweise E2-Typen sahen im Prospekt nach sofortiger Lieferbarkeit aus. Hatte man dann allerdings die Möglichkeit, die BMW Technik GmbH zu besuchen, so fielen sofort die Steckdosen vor den Parkplätzen auf und diverse „normal" aussehende Limousinen mit ihrem elektrifizierten Innenleben konnten Bände sprechen.

Es hat allerdings auch andere verstromte BMW gegeben, zwar nicht bei der Isetta (zumindest nicht offiziell), bei den Wagen der 3er-Klasse gab es aber schon (oder wieder?) 1987 zwei Versuchsfahrzeuge. Diese vom BMW Forschungsbereich aufgebauten Prototypen besaßen Natrium-Schwefel-Hochleistungsbatterien mit einer kurzzeitigen Leistung von 34 Kilowatt, im Dauerbetrieb von 21 Kilowatt. Mit diesen Wagen konnte eine Reichweite von 70 bis 120 Kilometern sowie eine Spitzengeschwindigkeit von über 80 km/h realisiert werden. Der als Versuchsträger ausgewählte 325 ix wurde dafür auf Vorderradantrieb umgestellt. Im Motorraum dominierten die voluminöse elektronische Steuerung sowie das Zweigang-Automatikgetriebe.

1991: Projekt E1, E2

Im Jahr 1991 konnte das erste „reinrassige" Elektrofahrzeug der BMW AG seine Premiere auf der Frankfurter IAA feiern. Das E1 benannte Compact-Car einer neuen Generation war auch ein stilistisches Meisterwerk, dessen Eckdaten sich sehen lassen können: Der nur 3,4 Meter lange Wagen mit Platz für vier Personen bot bei einem Leergewicht von 880 Kilogramm eine maximale Zuladung von 300 Kilo, die man dank des variablen Gepäckraumvolumens von 260 bis 900 Litern auch voll ausnutzen konnte. Mit einem Wendekreis von 8,5 Metern war dieses „Stadt-Ei" auch dank seiner guten Beschleunigungswerte völlig citytauglich. Die gebotene Leistung (32 Kilowatt) reichte für eine Spitze von 120 Stundenkilometer. Als Reichweite im praxisnahen Betrieb kristallisierten sich etwa 150 bis 200 Kilometer heraus. Sechs bis acht Stunden Aufladezeit an der Steckdose sollten genügen, und sogar ein Schnellladesystem (zwei Stunden) für ganz eilige Zeitgenossen war vorgesehen.

Von der technischen Ausstattung her war der E1 absolut kein „kleines" Auto, denn mit ABS, Zentrallenker-Hinterachse, Aluminium-Karosserie mit Sicherheitszelle und sitzintegriertem Gurtsystem bot er Ausstattung auf BMW typischem Level.

Ergänzt wurde das Konzept durch den E2, der mit seinen etwas üppigeren Raumverhältnissen auf den amerikanischen Markt zugeschnitten war. „Der E1 hat den Weg in die Zukunft gewiesen, mit dem E2 wird er konsequent weiter beschritten. Die Meilensteine, die mit diesen Konzeptfahrzeugen erreicht sind, geben allen Grund zum Optimismus: Noch nie waren wir dem praxistauglichen, voll einsatzfähigen Elektroantrieb so nah wie heute. In einigen Jahren könnten BMW Elektromobile zum selbstverständlichen Straßenbild gehören."

Das war aber noch nicht alles, was im BMW Forschungsbereich in Sachen alternative Energien auf die Straße gestellt wurde. Im BMW Museum findet man neben dem ABB-Antriebssystem und Designstudien für Elektro- und Wasserstoffantrieb auch den 3,5-Liter-Motor des Typs 745i, der ebenfalls 1987 mit Wasserstoff-Saugrohreinblasung vorgestellt wurde. Hier wurden bei einem 130-Liter-Tank für flüssigen Wasserstoff rund 400 Kilometer Reichweite erzielt, und das bei einer maximalen Leistung von 120 Kilowatt.

Flüssiggas als Antriebsquelle wurde bei BMW ebenfalls nicht verschmäht, wie ein 1982 an Bayerns Umweltminister übergebener 5er-BMW zeigte. Im selben Jahr stellte eine bayerische Flüssiggas-Tankstellenkette der Presse einen M1 vor, der dem verstorbenen Rennfahrer Harald Ertl gehört hatte. Dieser schwarze Renner „powered by BP autogas" sollte nach wie vor dank seiner über 400 PS auf rund 350 km/h Spitze kommen können. Der Autogas-Antrieb sollte für ideale Abgaswerte sorgen, und das bei einem wesentlich günstigeren Gaspreis.

BMW E2-California Style (1991).

Dieses Sportcoupé in bester 327-Linie hätte den Kleinwagenmarkt nach dem Krieg aufmischen sollen. Aber wegen seiner Retrodesign-Karosserieform wäre ein Flop wohl unvermeidlich gewesen.

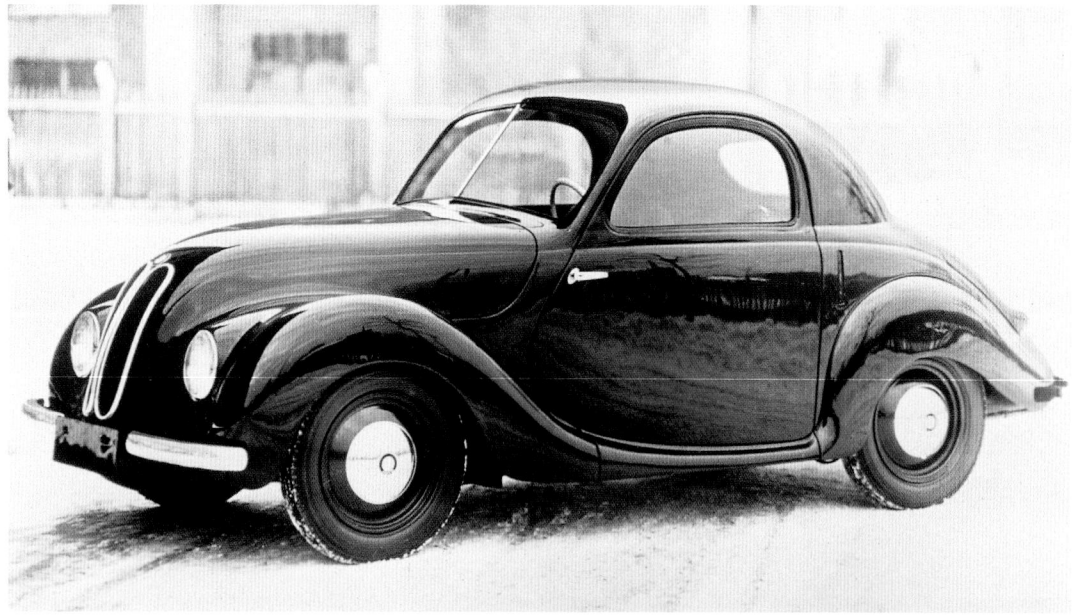

1939: Leichtbau-Gitterrohrrahmen der 328 „Mille Miglia" Kamm-Rennlimousine.

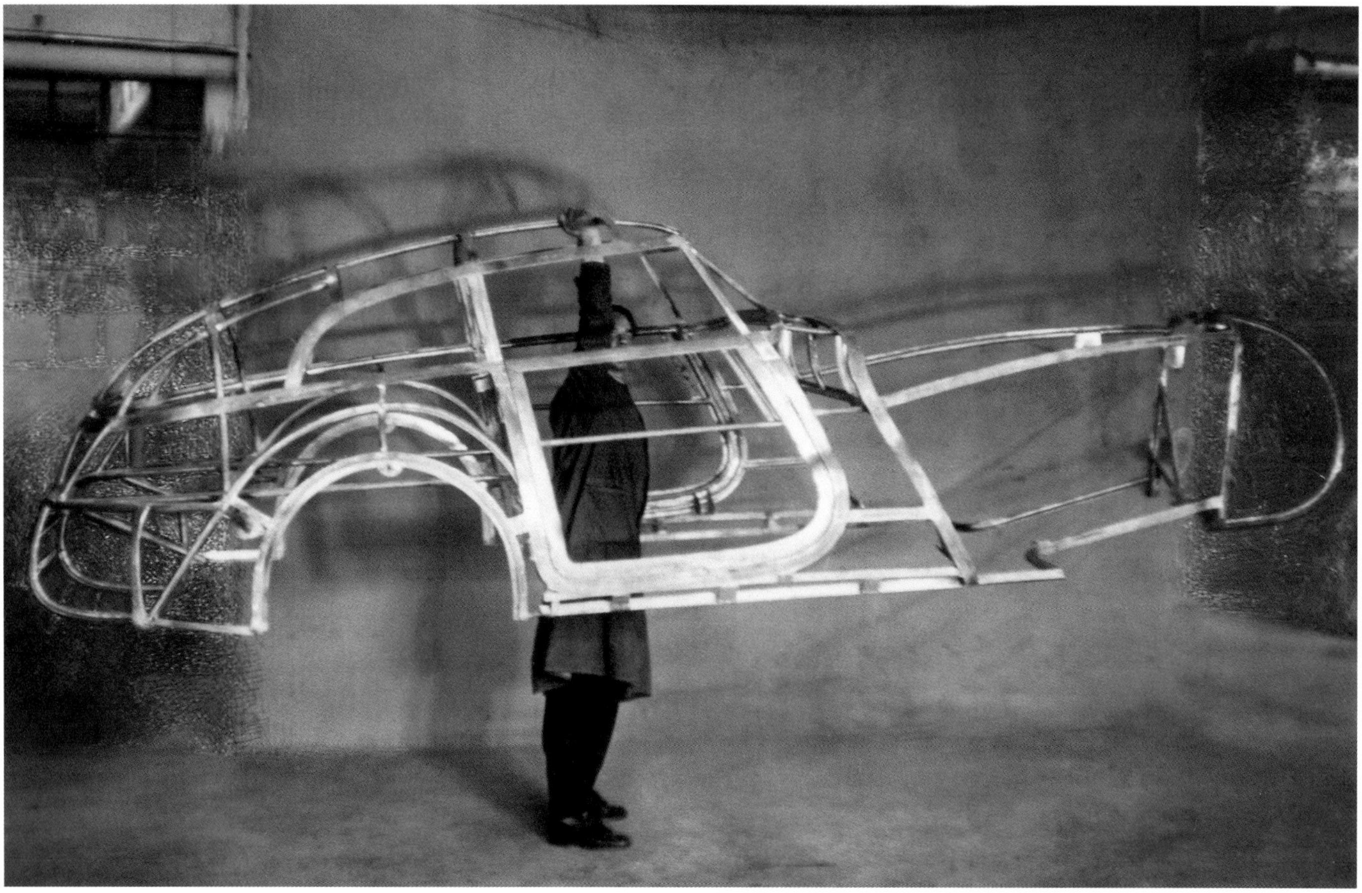

Foto: BMW AG Konzernarchiv

Der Typ 570, 1955 von Goertz
für die Mittelklasse konzipiert
und von Johann König
modelliert. Eine verlängerte
Ausführung derselben Karosserie (580) war auch geplant.
Motorisierung: Halbierte und
auf zwei Liter aufgebohrte
502-Maschine.

Ein BMW 335 im Kamm-Look:
Dieser K-4 von 1940/41 hatte
einen Aufbau im Zeit-
geschmack, hergestellt von
Reutter in Stuttgart.
Die „Doppel-Spaltflossen"
aus durchsichtigem Kunststoff
verhinderten Seitenwind-
probleme bei hohen
Geschwindigkeiten.

Bei diesem ESV (Energy Safety Vehicle) wurden die von den USA geforderten Sicherheits-aspekte und modernistisch-cooles 70er-Jahre-Design ver-schmolzen (Entwurf von Manfred Rennen, 1971).

So skizzierte Georg Bertram 1960 das geplante BMW Pro-gramm.

Typ	Karosserie-Form					
700 cm³ 2 Zyl. Luft gek.	Limousine	4 sitzig	Coupé	2/2 sitzig	Roadster	2 sitzig
	3540 2420		3540 2420		3540 2120	
1200 cm³ 4 Zyl. Wasser gek.	Limousine	4 sitzig	Coupé	2/2 sitzig	Kombinationswagen	
	4100 2420		4100 2420		4100 2420	
1800 cm³ 6 Zyl. Wasser gek.	Limousine	4 sitzig	Coupé	2/2 sitzig		
	4400 2650		4400 2650			

Typ	Karosserie-Form		
600–700 cm³ 2 Zyl. Luft gek.	Limousine 4sitzig	Coupé 2/2sitzig	
900–1200 cm³ 4 Zyl. Wasser gek.	Limousine 4sitzig	Sportwagen 2sitzig	Kombinationswagen
1600–1800 cm³ 4 Zyl. Wasser gek.	Limousine 4sitzig	Coupé 2/2sitzig	
3200–4500 cm³ 8 Zyl. Wasser gek.	Limousine 5sitzig	Coupé 2/2sitzig	Cabriolet 2/2sitzig

Beachtliche Typenvielfalt: Das geplante BMW Programm, Stand 1957, gezeichnet von Georg Bertram.

Eine von vielen Entwurfsarbeiten des bis heute unbekannt gebliebenen Karosseriekonstrukteurs und Entwerfers: Bertram'sches Coupé-Rendering, nach alter Manier als colorierter Seitenriss gestaltet.

Kapitel 3

Personenwagen-Sonderkarosserien

Mit Liebe und großem Aufwand

Ob Einzelstück oder Kleinserie – Form-
schönheit für jeden Geschmack und jeden
Geldbeutel boten Karosseriebetriebe und
freie Entwerfer dem prospektiven Kunden

Sonderkarosserien ab Werk

Der 1934 vorgestellte BMW Sportwagen 315/1 (Version Kar. Reutter) mit abstrusem Scheinwerfer-Styling, das in der Serie nicht übernommen wurde.

Ein Auto, ein BMW sowieso, war in den 30er-Jahren ein Privileg der Gutbetuchten. Und wie bei allen Luxuswagen der damaligen Zeit gab es eine große Auswahl an Karosserien, die ab Werk zur Verfügung standen. Wem das noch nicht originell genug war, der bestellte bei BMW das Chassis und beauftragte einen freischaffenden Karosserie-schneider mit dem Entwurf eines wahrhaft individuellen Aufbaus. Die Zeit der großen Karosserieschneider endete mit dem BMW 501/502, dem letzten Großserien-BMW mit separatem Chassis.

Auch das BMW Werk kümmerte sich um Sonderkarossen. 1934, als man auf der Autoausstellung in Berlin (Frankfurt war damals noch kein Thema) den neuen Sportwagen vom Typ 315/1 vorstellte, taten die Münchner dies mit einem exklusiven Einzelstück, einem Concept-Car gewissermaßen.

Dass man der Motorhaube links und rechts statt obligater Schlitze oder Klappen auf einmal abgerundete Sicken als Luftauslässe ansetzte, mag für einen Autoliebhaber dieser Jahre ja noch zu verkraften gewesen sein, aber die Scheinwerfer in die BMW Niere zu setzen, grenzte fast an ein stilistisches Verbrechen. In der beginnenden Stromlinienära kam später so was wohl auf (siehe Peugeot 402), da war es aber auch organisch in den Karosserieentwurf eingeplant. In diesem Fall konnte man allenfalls von ungewöhnlicher Formgestaltung sprechen, während Modernität zu dieser Zeit trompetenförmiges Rauswachsen der

Die tropfenartigen Hauben-Sicken suggerieren Moderne. Wo ist nur der Prototyp abgeblieben?

Voll im Trend: Das Stromlinien-Hardtop der Vereinigten Werkstätten in München, das mit gebogener Frontscheibe und Fastback richtig schnell aussah.

Scheinwerfer aus der Lücke zwischen Kotflügel und Kühler, ihrem angestammten Platz, geheißen hätte.

In dieser Zeit wurde das BMW Design ja noch in Eisenach entwickelt, wo der dortige Karosseriekonstrukteur Rosenzweig seine Formideen, wie sie der gleichzeitig ausgestellte serienmäßige Typ 315/1 zeigte, üblicherweise in einem der umliegenden Karosseriewerke wie Kathe und Co. für den Ausstellungswagen ausführen ließ. Der exotische Sportwagen mit seinen integrierten Scheinwerfern stammte aber, wie alte Konstruktionszeichnungen zeigen, aus dem Hause Reutter in Stuttgart, wo ihn das dortige Technische Büro (damaliges Synonym für Mixtur aus Konstruktions- und Designabteilung) entworfen hatte.

Das war aber noch nicht alles, was nach Hausmacherart angeboten wurde. Die schon 1910 gegründete Münchner Karosseriefirma Vereinigte Werkstätten für Karosseriebau (eigentlich, wie der Name schon andeutet, ein Verbund von Einzelhandwerkern wie Stellmacher, Spengler, Sattler und so weiter), unter ihrem Chef und Entwerfer Georg Engelhard, assistiert vom Sohn Franz, entwickelte zur gleichen Zeit für denselben Wagen wohl eines der ersten Hardtops der Automobilgeschichte (abgesehen von den frühen Wechselkarossen der 20er-Jahre). Der Roadster wurde hier durch ein aufsetzbares Dach mit integrierter, abgerundeter Windschutzscheibe zum Coupé, und das Ganze sollte dem neuen Trend zur Stromlinienform Rech-

nung tragen, bei dem sich BMW später ohnehin stark profilierte. Deshalb hatte dieser Aufsatz natürlich auch den obligatorischen schrägen Rücken. Das Ganze sah sehr sportlich aus und sprach damit die typische BMW Klientel an. Naheliegenderweise nahm BMW diesen Aufsatz auch ins eigene Lieferprogramm auf, um den Kunden des Hauses etwas Ausgefallenes bieten zu können. Wie viele von diesen Coupédächern letztendlich verkauft wurden, lässt sich heute nicht mehr ermitteln, nachdem die Karosseriefirma am alten Platz zwar noch existiert (als „Werkstatt für Karosseriebau"), aber heute außer mit Restaurationen vorzugsweise ihr Geld mit dem Verkauf von nagelneuen Ladas und koreanischen Kias verdient.

Daneben fertigten die Haidhausener in den 30er-Jahren auch die typischen 328-Spezialversionen an, wie sie fast identisch auch von Weinberger und Wendler angeboten wurden, nämlich normale Cabriolets mit kurbelbaren Türscheiben und einem richtigen gefütterten Verdeck. Diese wurden von der BMW Exportabteilung geordert.

Das sonstige Programm der Fachleute am Wiener Platz bestand überwiegend aus Taxi-Karossen und Lieferwagen, akzentuiert durch einige wenige Einzelstücke wie einen exzentrisch stromlinienmäßig teilverkleideten Mercedes und Aufbauten für den Einheits-PKW im Krieg. Nach 1945 fertigte man überwiegend Nutzfahrzeuge und Omnibusse.

Sonderkarosserien aus Deutschland

Ein bei Ambi-Budd gefertigter BMW 326, aus Rußland frisch heimgekehrt nach Berlin, seiner Erzeugungsstätte zwischen 1936 und 1939.

Für die Fahrzeuge der BMW AG wurden schon seit Anbeginn Aufbauten von vielen verschiedenen Karosseriefirmen geliefert, nachdem BMW selber in den frühen Jahren keine größere Karosseriefertigung hatte. Serientypen mit ihren Katalogaufbauten wurden in den 30er-Jahren, folgt man entsprechenden Aufzeichnungen, außer in Eisenach bei Daimler-Benz im Karosseriewerk Sindelfin-

gen, bei Autenrieth in Darmstadt, bei Drauz in Heilbronn (später von NSU übernommen), bei Reutter und Baur in Stuttgart sowie bei dem deutsch-amerikanischen Presswerk Ambi-Budd in Berlin gefertigt. Daneben gab es natürlich immer wieder Einzelanfertigungen und Kleinserien von anderen Karossiers, wie Wendler in Reutlingen, Buhne in Berlin, Gläser in Dresden, Weinberger in München, Erdmann & Rossi in Berlin, um nur die Bedeutendsten zu nennen. Und vergessen wollen wir natürlich auch Ihle in Bruchsal nicht, wo aus kleinen Dixis sportliche Renner mit der typischen BMW Niere wurden – ein eigenes Kapitel sagt mehr dazu.

Ambi-Budd, Berlin

Wenn ein Holzhändler, Bauunternehmer und Spekulant erst einen Flugplatz organisiert, anschließend einen Maschinenbaukonzern aufbaut und dann einen amerikanischen Großinvestor nach Deutschland dirigiert, dann klingt das wie eine Investitions-Story aus dem „Wilden Osten" der Nach-Wende-Zeit. Es trug sich so aber im weltstädtischen Berlin der 20er-Jahre zu.

Arthur Müller, Bauten und Industriewerke (AMBI), hatte schon in der Kaiserzeit anno 1909 für die Anlage des Flugplatzes Adlershof-Johannisthal gesorgt. Ebendort siedelte sich später der Flugzeugkonstrukteur Edmund Rumpler an, um seine Rumpler-Tropfenwagen zu bauen, was bekanntlich in einem Fiasko endete. Also musste ein neuer Mieter für die leer stehenden Hallen her. Müller gewann ein englisch-amerikanisches Bankenkonsortium für seinen Plan, dort ein Presswerk zu errichten.

Diese hypermoderne Art der Karosseriefertigung, nämlich Aufbauten komplett aus gepressten Blechteilen herzustellen, die miteinander verschweißt werden, steckte damals in Deutschland noch in den Kinderschuhen, nicht zuletzt wegen der immens hohen Kosten für die Pressen. Der Erfinder und Marktführer dieser Fertigungstechnik, die Edward G. Budd Mfg. Comp. aus Philadelphia, konnte dafür gewonnen werden, das europäische Zweigwerk in

Das große Firmensterben

Nur wenige Karosseriefirmen haben die Wende nach dem Zweiten Weltkrieg überlebt, und von diesen arbeiteten für oder genauer auf BMW besonders Baur in Stuttgart, Autenrieth in Darmstadt und in geringem Maße auch Wendler in Reutlingen. Bei Karmann in Osnabrück wurde später auch für die Münchner entwickelt.

Berlin zu errichten. Die 1926 gegründete Ambi-Budd Preßwerk GmbH (ABP) fertigte bald für viele bekannte deutsche Autohersteller (unter anderem Ford, Brennabor, NSU) Serien-Karosserien, manchmal wohl auch irrtümlich denselben Aufbautyp für zwei Firmen gleichzeitig, wie mit der Jupiter-Karosserie 1932 für Adler und Horch geschehen. Ambi-Budd lieferte alles aus einer Hand, Knowhow, Entwicklung, Design und Produktion, und machte so viele deutsche Autofirmen mit ihrer eher handwerklichen Karosseriefertigung von sich abhängig. Limousinenkarosserien, und diese in rentablen Serienstärken, waren das Geschäft des Hauses, für unprofitable Cabriolets oder Einzelstücke war bei Ambi-Budd im Allgemeinen kein Platz, wenn auch die hauseigene Broschüre einen Nebenzweig der handwerklich hergestellten Cabrios erwähnte.

Schon frühzeitig wurde BMW als Kunde gewonnen, beispielsweise bei geschlossenen Dixi-Aufbauten und später bei Karosserien für den Limousinentyp 326. Auch dessen geplanter Nachfolger 332 mit seiner modernen Pontonform nach Kamm war bei Ambi-Budd für 1940 avisiert. Der große Autobahnwagen vom Typ 335 mit seiner langhubigen 3,5-Liter-Maschine war ebenso ein Presswerk-Produkt, auch der geplante Nachfolger mit Kühler-Optik à la Cord sollte bei den Berlinern die Serienreife erlangen. Nachdem Ambi-Budd sich bei Kriegsende 1945 plötzlich im sowjetischen Sektor Berlins wiederfand, wurde die Firma großenteils demontiert, so dass eine Wiederaufnahme der Großserienfertigung für Adler, Hanomag und nicht zuletzt BMW unmöglich wurde. Das sorgte bei BMW West (München) wie Ost (Eisenach) für große Probleme, die letztendlich zur Entwicklung neuer Typen (501/340) und zum Aufbau einer eigenen Karosseriefertigung führten. Die Johannisthaler Räumlichkeiten dienten dann der Ost-Rennsportgemeinschaft DAMW mit ihren Fahrzeugen auf BMW Basis eine Zeitlang als Domizil.

Ambi-Budd selbst wurde als reine Verwaltungsfirma in Westberlin neu gegründet und verwertete noch alte Patentrechte, um 1974 am letzten Standort in Frankfurt gelöscht zu werden, worauf die Thyssen AG die amerikanische Mutterfirma übernahm.

Autenrieth, Darmstadt

Das alte Karosseriebau-Unternehmen des gelernten Stellmachers Georg Autenrieth, 1921 ursprünglich in Weinsberg gegründet, profilierte sich in den ersten Jahren des Be-

stehens vor allem durch Aufbauten für die benachbarte Autofabrik von Gustav Röhr, wo die ersten deutschen Serienwagen mit vorderer und hinterer Pendelachse hergestellt wurden. Später wurde man durch Serienaufbauten für BMW bekannt (Cabriolets auf 326 und 335), fertigte daneben aber alles, was verlangt wurde, baute wohl sogar Stromlinienkarosserien in extremer Form auf Adler- und Maybach-Chassis (1936 und 1938), wenn auch nur als viel bewunderte Einzelstücke. Auch die modische Idee eines Schiebetüren-Autos griff man auf und fertigte 1937 nach englischen Patenten auf Basis des Typs 326 ein zweitüriges, viersitziges Cabriolet mit Schiebetüren. Soweit heute bekannt, gab es zwei Fahrzeuge dieser Art, eines blieb erhalten und wurde restauriert. Daneben entstand um 1947 herum sogar eine Art von Stromlinienaufbau auf einem BMW 327, ein elegantes Auto, das Franz Trüby selbst besaß.

Nachdem der Sohn des Hauses, Erwin Autenrieth, im Zweiten Weltkrieg gestorben war, fehlte dem Unternehmen der Nachfolger, notgedrungen leitete Georg Autenrieth den Betrieb bis zu seinem Tode 1950 selbst. Schwie-

Ein 501-Coupé von Autenrieth mit seinen weit nach außen gesetzten Scheinwerfern.

Der Typ „Hannover" von Autenrieth, 1955 in etwa vier bis sechs Exemplaren angefertigt. Dieses Sport-Cabriolet war mit dem 3,2-Liter-V8 des Typs 502 ausgerüstet.

Das Coupé „Marburg" von 1956 ist ein elegantes Autenrieth-Fahrzeug auf 502-Basis. Die Panorama-Scheibe war damals ein Muss.

gersohn Franz Trüby, seit 1927 als Karosseriekonstrukteur bei verschiedenen Firmen beschäftigt, übernahm die Firma als Betriebsleiter und Designer.

Die Verbindung zu BMW war nach dem 2. Weltkrieg nicht abgerissen, man fertigte für die Bayern schnell wieder Cabriolets und Coupés auf Basis der großen 501- und 502-

Prominente Käufer

Auch ein zweitüriges Coupé auf Basis des 501 wurde von Baur entwickelt, wobei der erste Besteller, August Oetker aus der Backpulver-Dynastie, mit einem Volkswagen zur Erteilung des Auftrags vorgefahren kam. Später wurden von diesem Coupé weitere 50 Stück gefertigt. Eines dieser Fahrzeuge bestellte sich der damalige Fürst Bismarck, und als distinguierter Herr verlangte er ausgerechnet das kleine Heckfenster vom alten 501, wo doch dieses Coupé von vornherein mit der modernen Panorama-Heckscheibe des 502 angeboten wurde.

Typen. Teilweise traute man sich sogar, die klassischen BMW Linien zu verlassen und pontonförmige Fahrzeuge ganz im Stil der Zeit mit völlig neuen Kühlergrillformen zu entwickeln. Diese Fahrzeuge, offiziell über die BMW AG angeboten, erhielten dann so klingende Bezeichnungen wie „Offenbach", „Hannover" und „Marburg". Die normalen Aufbauten von Autenrieth auf BMW Vollschutzrahmen dagegen waren höchstens dadurch extravagant, dass die Scheinwerfer aus ihrer üblichen Lage neben dem Kühlergrill nach außen an die Kotflügelränder wanderten. Aus den Nachfolgeproblemen heraus und natürlich auch wegen des Wegfalls der 502-Produktion mit ihrem für den Sonderkarosseriebau benötigten Chassis, schloß Autenrieth 1964 die Werkstore. Die großen Cabrios und Coupés aus Darmstadt sind heute gesuchte und rare Stücke.

Dank des engagierten Eingreifens eines Sammlers konnten die Hinterlassenschaften der Firma Autenrieth gerettet werden, so dass die einstmals bedeutende Firma nicht in Vergessenheit geriet. Eine eigene Garage in Darmstadt widmet sich der Pflege, dem Erhalt und der Restaurierung dieser Oldtimer und vermittelt auch Fahrzeuge.

Baur, Stuttgart

In Stuttgart-Berg, wo der Wagnermeister Karl Baur 1910 seine Werkstatt eröffnet hatte, entstanden in den 30er-Jahren intensive Kontakte zu den sächsischen Autoherstellern im Zeichen der vier Ringe, besonders zu Horch. Für die Münchner lieferte man auf den Chassis der Typen 320 und später 326 zweitürige Cabriolets aus, deren Linie auch heute noch gefällt. Diese Kleinserien erleichterten es Karl Baur und seinen Söhnen Karl und Heinz nach 1945, neue Kontakte zum alten Kunden BMW zu knüpfen. Schon bei der Entwicklung der Prototypen für den Typ 501 erinnerte man sich in München wieder der alten Geschäftsbeziehung und ließ gleichzeitig sowohl bei Reutter in Stuttgart als auch bei Baur, fast nebenan, an den insgesamt drei Prototypen arbeiten. Baur durfte dann, im Gegensatz zu Reutter, denen der Kontrakt mit Porsche schon vorlag, die Null-Serie und auch die erste Serie von etwa 2.000 Stück des Typs 501 produzieren. Damit war die Zusammenarbeit aber auch schon beendet, denn zu dieser Zeit hatte BMW schon eine eigene Fertigung im Münchner Werk aufgebaut. Karl Baur und sein Betriebsleiter Wagner allerdings gaben nicht so schnell auf. Sie entwickelten zwei- und viertürige Cabriolets. Letzteres wurde beim Concours d'Elegance in Baden-Baden preisgekrönt und anschließend von Karl jun. und Heinz Baur nach Bad Homburg zu Herbert Quandt als erstem Kunden gefahren. Diese Cabriolets wurden dann auch im BMW Programm angeboten.

Inzwischen aufgefundene Bilder aus der Karosseriefabrik Baur zeigen die Anfertigung eines bisher unbekannten offenen Sportwagens in einem „geheimen Raum" (Bild auf Seite 68, oben Mitte). Möglicherweise hat Peter Szymanowski hier seine Vorstellung eines modernen sportlichen BMW verwirklichen lassen wollen, durch seinen Abgang Ende 1954 blieb das Projekt offenbar unvollendet.

In den 60er-Jahren entwickelte der langjährige Konstruktionschef Hermann Wenzelburger ein BMW 2000ti-Cabrio in modernster Linie à la Lancia Fulvia. Zur Gewichtsersparnis wurde eine Kunststoff-Außenhaut über einen Stahlrahmen gesetzt, wobei Hermann Wenzelburger heute bezweifelt, ob die GFK-Technik damals schon eine Serienfertigung in der üblichen Baur-Perfektion erlaubt hätte. Dieser Wagen wäre für die Münchner damals sensationell gewesen, wenn, ja, wenn Stylistik-Chef Wilhelm Hofmeister nicht schon eigene Pläne gehabt hätte. Zwar dominierte damals, ungewöhnlich für eine Autofirma, der

Baur-Cabriolet auf BMW 501 mit vier Türen …

Vertrieb, vertreten durch Vorstand Paul G. Hahnemann („Nischen-Paule"), und dieser hatte schon immer ein spontanes Händchen für schöne Autos („… den nehmen wir!"), aber Wilhelm Hofmeister als vorsichtiger Taktierer und großer Modell-Politiker wollte natürlich letzten Endes seine eigenen Ideen durchsetzen. Das erwähnte knackige Cabriolet zierte lange noch als 1:5-Modell die Konstruktionssäle bei den Baurs in Stuttgart, und ebendort wurde damals auch ein Coupé-Modell mit einer Frontpartie à la Bertone 3200 CS gestaltet. Auch dieses Auto war ein Vorschlag des seit 1953 amtierenden Hausentwerfers Hermann Wenzelburger, gedacht als Coupéversion zu der 1800er-Limousine. Das besondere an dieser Karosserie wäre die Flanke mit dem rundumlaufenden Einzug gewesen, für damalige Zeiten eine ungewöhnliche Novität. Allein, auch hier hatte Wilhelm Hofmeister seine eigenen Vorstellungen und wir wissen alle, wie die hauseigenen Coupélinien dann aussahen. Nicht zuletzt spielte damals bei BMW der enge Kontakt mit Bayer eine Rolle, wo sich

… und das zweitürige ebenfalls auf BMW 501.

Der attraktive TC3 aus dem Hause Baur, ein Coupé in klassischer Linienführung (Design: Eberhard Schulz).

beide Seiten viel vom Kunststoff-Sportwagen mit BMW Motor versprachen.

Weniger bekannt dürfte der Kombiwagen auf Basis des brandneuen 1500ers („Neue Klasse") sein, den Baur um 1963 herum für einen Privatkunden anfertigte, dabei immer den Hintergedanken einer Kleinserie für BMW im

1:1-Gipsmodell eines Coupés mit CS-Front, 1964 vorgestellt.

Auge behaltend. Dieser Wagen ging später an BMW, wo man ihn ausgiebig testete und sich mit dem Gedanken solch einer Produktionslinie auseinandersetzte. Damals schien ein Kombiwagen als enger Verwandter des Nutzfahrzeug-transporters nach Meinung des Vorstands BMW nicht würdig zu sein. Erst in den 80er-Jahren dachte man um und nahm die Fertigung werksseitiger Kombiwagen auf.

Bei Baur wurden darüber hinaus schon frühzeitig Cabrios angedacht, wofür die Firma mit ihren „Top-Cabrios" auch bekannt war. Der sogenannte „Studentenwagen" aus dem Jahre 1966 war beispielsweise eine doppelgleisige Entwicklung. Einerseits hat man bei Baur diese Marketing-Idee von Hahnemann ernst genommen und ein kleines, zwei-plus-zweisitziges Cabrio mit verkürzter Heckpartie entwickelt, das aber letztendlich für die angepeilte Zielgruppe zu teuer geworden wäre. Gleichzeitig wurde auch von Wilhelm Hofmeister und seinen Mannen eine Eigenentwicklung forciert. Immerhin sorgte die Baur-Entwicklung zumindest dafür, dass der Fertigungsauftrag für die spätere Cabrio-Reihe (1967/68) nach Stuttgart vergeben wurde. Auch die Coupé-Variante des Baur'schen Studentenautos mit verkürzter Heckpartie von 1967 ging nicht in Serie. Baur hat immer wieder Eigenentwicklungen als Anstoß für eine gedachte Serienproduktion vorgenommen, wie zum Beispiel das BMW 2002 Cabrio mit Überrollbügel und ein Coupé auf Basis des 325i.

Die aktuellste Idee eines Baur-Coupés hieß TC3 und war gänzlich unter Ausschluss der Öffentlichkeit entstan-

1965er-Cabrio-Studie von Baur in moderner Linienführung, als 1:5-Holzmodell präsentiert. Design: Hermann Wenzelburger.
Als Basis diente der BMW 2000. Die Karosserie sollte aus Kunststoff bestehen.

den. Die von Eberhard Schulz (Isdera) 1985 im Baur-Auftrag gezeichnete Studie (Baur-Projektnummer 541) war durchaus für eine spätere Serienfertigung von vielleicht 100 Stück im Jahr vorgesehen. Das E30-Fahrwerk zusammen mit einer GFK-Karosserie über einem leichten Rohrrahmen sollte für exzellente Fahrleistungen bürgen, und die klassischen Karosserielinien mit der langen Motorhaube sollten nahtlos an die kraftvollen Linien des Typs 507 anschließen. Als stilistische Akzente setzte Schulz eine Bündelung von abgerundeten Schlitzen ein, die sowohl dem Luftauslass für Motor und Bremsen dienten als auch die Form der Heckleuchten vorgaben. Dieses klar gezeichnete Auto mit seinen unter Plexiglas abgeschirmten Scheinwerfern wurde 1986 als 1:1-Modell fertiggestellt, 1987 ging es an die Konstruktion des Rohrrahmens. Dieser wurde von vornherein so steif ausgelegt, dass auch ein Cabriolet nach guter alter Baur-Art hätte entstehen können. Im Daimler-Benz-Windkanal getestet, glänzte der fertige Prototyp dann mit extrem guten Werten, c_W lag bei 0,299 und der gesamte Luftwiderstand aus c_W x Querschnittsfläche A lag sogar bei nur 0,5354, ein sensationell niedriger Wert! Der 170-PS-Serienmotor aus dem 325i war so rechnerisch für eine Spitze von 240 Stundenkilometer gut. Bei Einbau des alten M1-Aggregats von 286 PS könnten schon über 280 km/h erreicht werden.

Die leichte GFK-Musterkarosse sollte in der Serie aus Kevlar produziert werden. So gerüstet wurde der TC3 bei BMW vorgestellt – und kam nicht zum Zuge, wegen des Z1-Roadsters. Dabei hätte der Wagen schon 1989 vom Stapel laufen können, wäre es nach den Planungen von Karl und Heinz Baur gegangen. Und so zierte ein exzellentes Fahrzeug das kleine, noch im Verborgenen blühende Hausmuseum der Firma Baur in der Stuttgarter Poststraße, bevor diese ihren Betrieb inzwischen beendet hat.

Buhne, Berlin

Diese alte Berliner Karosseriefirma, 1919 von Heinrich Buhne gegründet, wurde schnell durch ihre Taxi-Aufbauten bekannt, die auf verschiedensten Chassis wie Adler, Ford, Opel, Pluto, Presto und Steyr montiert wurden. Außerdem fertigte man kleine Serien, üblicherweise Cabriolets, daneben auch (selten genug) luxuriöse Einzelstücke wie Mercedes, Cadillac, Austro-Daimler und Rolls-Royce, lieferte wohl sogar Karossen für Brennabors Schwanengesang, den Achtzylinderwagen Juwel 8.

Vor in den 20er-Jahren aktuellen Kombinationsaufbauten, Vorläufern heutiger Pick-Ups in Form von offenen Tourenwagen mit einsetzbarer Pritsche und Hecktür, schreckte man bei den Berlinern ebensowenig zurück, wie vor modischen Stromlinienaufbauten, wie sie in den späten 30er-Jahren aktuell waren. Für die BMW Vorläuferfirma, die Dixi-Werke in Eisenach, bot Buhne schon kurz nach der Gründung um 1921 Limousinenaufbauten an, und nach der BMW Übernahme wurden die Eisenacher weiterhin beliefert. Auf der Berliner Automobil-Ausstellung gab es 1931 für den Dixi-Nachfolger BMW 3/15 PS hübsche kleine Cabriolets zu bestaunen, hergestellt von Buhne.

Der „Studentenwagen": 1966/67 auf Basis des BMW 1600, als Coupé und Cabriolet entwickelt.

Ähnlich wie dieser Dixi sahen die 3/15-PS-Cabriolets von Buhne aus.

Mitte der 30er-Jahre in Berlin gebaut und noch Jahre nach Kriegsende dort zugelassen: ein attraktives BMW Coupé mit „schnellem Rücken" aus dem Hause Erdmann & Rossi.

Einer Karosseriegestalter von Buhne war Erwin Conrad, Jahrgang 1906, dessen Sohn Michael diverse Meriten im Design-Fach hat, so war er einer der „Mittäter" am autonova-fam, dem ersten Van in Deutschland, vorgestellt 1965. Vater Conrad kam nach dem Studium an der Wagenbauschule in Hamburg zu Buhne, wo er seinen Mittelpunkt um 1930 herum hatte. Einige seiner Entwürfe blieben bis heute erhalten. Nach 1937 finden wir ihn sogar bei BMW Eisenach, an der Baureihe 320 arbeitend.

Buhne, heute noch existent, lieferte nach dem Zweiten Weltkrieg unter anderem Aufbauten für Post und Polizei, war auch im Innenausbau von Hotels und Warenhäusern tätig und restaurierte sogar ein Flugzeug. 1957 entstand in Berlin ein Sonderaufbau für die Isetta, eine Art von Koffer und damit eine Alternative zu der in München zeitweilig angebotenen Pritsche.

Drauz, Heilbronn

Wie fast alle Karosseriefirmen hat auch Drauz in Heilbronn eine lange und wechselvolle Geschichte hinter sich. 1908 von Gustav Drauz gegründet, vermochte sich dieser Betrieb schnell zu profilieren (schon 1911 hatte man eine Belegschaft von 200 Mann).

In den 20er-Jahren spezialisierten sich die Heilbronner auf Cabriolet-Serienaufbauten und belieferten Adler, den Nachbarn NSU und Fiat, deren Modelle NSU später in Lizenz fertigte. 1929 kam noch Ford hinzu, später einer der größten Handelspartner von Gustav Drauz, seinem Sohn Walter und dem kaufmännischen Leiter Rudolf Isbert.

Drauz selbst hatte schon 1930 die traditionsreiche Berliner Karosseriefirma Alexis Kellner geschluckt, um deren Cabriolet-Patente zu übernehmen.

Die nebenan gelegenen Räumlichkeiten der Karosseriewerke Schebera konnten auch bald übernommen werden, nachdem diese ursprünglich Berliner Firma, eingegliedert in den Konzern des Spekulanten Jacob Schapiro, mitsamt der Schapiro-Gruppe in Konkurs ging. Schapiro verlegte den Schebera-Firmensitz wegen seiner NSU-Beteiligung nach Heilbronn. In Berlin waren dort gelegentlich Dixi-Aufbauten entstanden.

Drauz richtete 1932 eine Niederlassung in Köln ein, um sozusagen „Just-In-Time" am Ford-Band zu arbeiten. Eine Berliner Niederlassung folgte und mit dem beginnenden Aufschwung stellte Gustav Drauz seine Fertigung total auf Pressen und Fließband um, so dass er pro Tag 25 komplette Ford-Cabriolets sowie 40 LKW-Fahrerhäuser liefern konnte, die er mit eigenen Frachtkähnen nach Köln verschiffen ließ.

Omnibusse und Anhänger ergänzten das Fertigungsprogramm, in dem die Einzelfertigung schöner Sonderkarosserien das Salz in der Suppe bildete. So entstand beispielsweise ein elegant schwarz-weiß lackierter BMW für den bekannten Kapellmeister Barnabas von Géczy. Ähnlich wie Wendler und andere Karosserieschneider erhielt Drauz auch Serienaufträge von der BMW AG: So lieferte man einen zweitürigen Cabriolet-Aufbau für BMW in Kleinserie auf dem Chassis des Typ 329.

Nach Kriegsfertigung und Zerstörung begann Drauz 1949 mit den damals neuartigen selbsttragenden Karosserien. Sie wurden nach Focke-Patenten bei stromlinienförmigen Ford-Bussen verwendet. Es folgten Serienaufbauten für DKW-Lieferwagen, für den komplett von Drauz vorentwickelten Ford FK 1000-Kleinlieferwagen und für Porsche. Von 1958 bis 1961 lieferte Drauz verschiedene 356-Cabriolets. Daneben wurden Karosserieteile für diverse andere Hersteller im Lohnauftrag gefertigt. 1956 erinnerte sich der alte Geschäftspartner NSU der guten Beziehungen und übernahm Drauz komplett mit Belegschaft, um fortan ein eigenes Karosseriewerk zu besitzen.

Erdmann & Rossi, Berlin

Dass diese vornehme Firma überhaupt Mittelklasse-Automobile wie kleinere BMW karossierte, grenzt fast an ein Wunder. 1898, noch zur Kutschwagenzeit gegründet, wurde Erdmann & Rossi schnell zur führenden Adresse für ganz feine Aufbauten für äußerst feine Herrschaften. Nur wirklich gehobene Automarken wurden üblicherweise karossiert, so Maybach, Horch und Mercedes-Automobile. Zur illustren Klientel des Hauses zählten sowohl Angehörige von Fürstenhäusern als auch der Geldadel und die Neureichen der Nazi-Zeit. Nachdem man 1933 den Konkurrenten in der oberen Klasse namens Jos. Neuss übernehmen konnte, fuhr wirklich jeder, der in Berlin auf sich hielt, einen Wagen von Erdmann & Rossi („Galawagen Berlin"). Hausentwerfer war der sich im allgemeinen eher dezent hinter einem B. versteckende Johannes Beeskow, dessen berufstypischer Lebensweg hier kurz skizziert sein soll: 1911 geboren, begann er (Berufswunsch „Auto-Entwerfer") 1925 zunächst eine Karosseriebauer-Lehre bei Jos. Neuss mit Abendunterricht in der Karosseriebau-Lehranstalt Berlin. 1931 ging es Neuss schlecht und Beeskow musste wechseln, arbeitete als freier Mitarbeiter aber weiter für Neuss. 1932 wurde er – endlich – Konstruktionsleiter bei Erdmann & Rossi und sorgte dort für exklusive Aufbauten nach Art des Hauses. Dort kam er dann in Kontakt zu den Weiß-Blauen, tatsächlich lassen sich zumindest zwei BMW Aufbauten aus Berlin-Halensee identifizieren:

Das eine ist ein Sportwagen vermutlich auf 319/1-Basis, der eine ganz und gar ungewöhnliche Karosserie erhielt. Sein Fastback oder eher Stromlinienheck mit der angedeuteten Mittelkimme führte nach vorne zu einem Mittdreißiger-Aufbau in üblicher Coupé-Machart. Das Ganze sah für den damaligen Zeitgeschmack äußerst „heiß" aus – und wird auch nicht gerade billig gewesen sein. Noch nach dem Zweiten Weltkrieg existierte dieses Fahrzeug, zugelassen in Berlin.

Der zweite bekannte BMW aus dem Nobelhaus ist ein Sportcabriolet in wirklich hinreißender Linie, akzentuiert durch einen Karosseriefries an der Seite und interessant gestaltete Luftauslassklappen an den Haubenseiten. Dieses wirklich exzellente Fahrzeug wurde von der Deutschen Arbeitsfront geordert. Vermutlich handelte es sich um einen Typ 326.

Erdmann & Rossi selbst musste im Krieg die üblichen Militärfahrzeuge aus- beziehungsweise umbauen, was bis zu Sonderausstattungen für einen Geländewagen für Hitler ging. 1949 karossierte man den letzten Wagen bei E&R, einen Maybach SW 42. Danach schlossen sich die Tore bei diesem Hersteller der feinsten Aufbauten aller Zeiten. Wagen mit E&R-Aufbauten erzielen heutzutage besonders in den USA unglaubliche Summen auf Auktionen.

Stationen eines Konstrukteurs

Erdmann & Rossi Hausentwerfer Johannes Beeskow ging nach einem Zwischenspiel bei der Berliner Karosserieschmiede Rometsch (Sonderaufbauten auf VW) 1953 nach Köln zu Karl Deutsch, um fortan Cabrios auf Ford zu zeichnen. Von dort wechselte er 1956 dann zu Karmann, wo er für 20 Jahre Chefentwerfer blieb. In seine Ägide fiel unter anderem der Karmann Ghia. 2005 ist Johannes Beeskow, hochbetagt und bis zuletzt aktiv, von uns gegangen.

Gläser, Dresden

Eigentlich müsste diese Dresdner Karosseriefirma Heuer heißen, nach der späteren Inhaberfamilie und treibenden Kraft dahinter.

Gegründet 1864 als Kutschenhersteller („Königliche Hofwagenfabrik") von Heinrich Gläser, 1898 von Friedrich August Emil Heuer weitergeführt und 1903 von ihm endgültig übernommen, konnte man schon in den 20er-Jahren eine führende Position im Cabriolet-Bau einnehmen, Gläsers Spezialität bis Kriegsende.

Gläser traute sich schon 1923 an Stromlinienaufbauten nach Jaray-Entwürfen heran und lieferte sowohl für den Dixi als auch für Audi denselben Aufbau, wenn auch kommerziell ohne Erfolg, nachdem die Prototypen zwar bestaunt, aber nicht geordert wurden.

Ein BMW 303, 1934 von Gläser in Dresden als attraktives Cabriolet karossiert. Durch die verlängerte Haube mit ihren schräggestellten Luftauslassklappen wirkt der Wagen sehr rassig.

Der Sohn Georg Heuer war bis zu seinem frühen Tod 1932 die treibende Kraft hinter den Entwicklungen. Er war es auch, der die lukrativen Verbindungen zu amerikanischen Autoherstellern knüpfte.

Diesen fehlten, um auf den deutschen Markt vorzudringen, bestimmte offene Wagenformen und Gläser bot sie in der gewünschten Top-Qualität an. Die Arbeit für renommierte General-Motors-Marken wie Buick, Cadillac und anderen führte zur Zusammenarbeit mit der deutschen GM-Tochter Opel. Opel wurde später einer der wichtigsten Kunden des Hauses, mit offenen Aufbauten bis hin zum großen 3,5-Liter-Admiral. Außer mit Herstellern wie Hanomag und Ford setzte sich Gläser mit Steyr und, eigentlich naheliegend im Sinne des Wortes, mit der Auto Union zusammen. Insbesondere die größeren Marken der Gruppe wurden karossiert: Wanderer, Audi und Horch. Für erstere gab es neben den üblichen zwei- und viertürigen Cabriolets auch Raritäten wie sogenannte Farmerwagen, holzverkleidete Vorläufer der späteren Station-Waggons oder Woodies. Daneben zeichneten die Gläser-Entwerfer wie üblich auch wirkliche Einzelstücke, bei Gläser „Modell-Karosserien" genannt, so auf Maybach- und Mercedes-Chassis. Selbst Röhr- und Stoewer-Sonderaufbauten wurden angefertigt. Einige der schönsten deutschen Aufbauten aller Zeiten, wirkliche Spitzenleistungen, entstanden auf Steyr-Chassis.

Für BMW bot man wie alle deutschen Karossiers Einzelstücke und auch kleine Serien an, so auf dem Typ 303 zweitürige Cabriolets ohne äußere Sturmstangen, geliefert 1934. Auf dem Chassis des erfolgreichen BMW 326 lieferte Gläser zweitürige Cabriolets (etwa 25 Stück) ähnlich den Konstruktionen von Drauz und Wendler, der Ähnlichkeit nach vermutlich anhand einheitlicher Werksvorgaben aufgebaut.

Im Krieg mussten außer Militärfahrzeugen hauptsächlich Flugzeugteile angefertigt werden. Nach massiven Bomben-Angriffen auf Dresden im Februar 1945 wurde der Rest der Gläser-Produktionseinrichtungen nach Nordbayern, nach der Kapitulation weiter in die Oberpfalz verlagert. Hier arbeitete der jetzt erstmalig unter „Erich Heuer – Karosseriefabrik" firmierende Betrieb (später wieder „Gläser – Karosserie" benannt) als Subunternehmer von Reutter für Porsche, bekannt geworden insbesondere durch den raren America-Roadster. 1952 kam das Aus für diesen ehemaligen Spitzenbetrieb des deutschen Karosseriebaues.

Der Dresdner Stammbetrieb wurde zum VEB Karosseriewerk Dresden (KM) umbenannt und fertigte Aufbauten für IFA- (ehemals DKW) Fahrzeuge, Wartburg und Sachsenring-Wagen, später auch für die P70-Typen.

Ihle, Bruchsal

Jeder hat schon mal von den Ihle-Dixis gehört, doch niemand kann sich so recht etwas darunter vorstellen. Dabei handelt es sich hier eigentlich um eine ganz normale Karosseriefirma, derer es im Deutschland der 20er- und 30er-Jahre viele gab.

Nur: Die Firma Ihle in Bruchsal hat einen Stil geprägt, denn ihre sportlichen Aufbauten auf Dixi- und BMW

Wie alles begann: Ein bei Ihle in Bruchsal karossierter BMW Dixi – nicht der erste BMW mit der typischen Niere.

Chassis waren sofort an der Kühlerform erkenntbar und führten angeblich zu der heute charakteristischen BMW (Doppel-) Niere, was wohl eher in den Bereich der Legende zu stellen ist. Wie der inzwischen verstorbene Werner Ihle, Inhaber der Firma Ihle Fahrzeugbau-Service im badischen Philippsburg dem Autor damals sagte, wurden Ende der 20er-Jahre von seinem Vater die bis dato flachen, üblich aussehenden Dixi-Kühler aus herstellerisch-handwerklichen Gründen mit einem Steg in der Mitte versehen und an den Seiten abgerundet. Das ergab nicht nur vereinfachte Produktionsmethoden, diese Form passte auch prächtig zu den sportlich-rundlichen Linien aller Ihle-Kreationen. Jeder Dixi sah auf einmal wie ein veredelter Wartburg-Sportwagen aus und die Linien fanden viel Anklang bei den Kunden. Durch Ihle-Karosserien, die sich später an den aktuellen Sportwagenlinien von BMW orientierten, wurde dem Besitzer eines betagten Dixi DAs oder AMs die Möglichkeit gegeben, sein Fahrzeug dem Zeitgeist anzupassen. Bis 1940 entstanden in der nordbadischen Barockstadt rund 1.000 Karosserien, alle in klassi-

scher Handarbeit gefertigt. Darunter waren auch Aufbauten für DKW, vereinzelt auch für Opel-Fahrgestelle. Angeboten wurden sie laut damaliger Anzeigenwerbung auch für Hansa- und Ford-Eifel-Chassis. Im Falle Dixi bot die Bruchsaler Firma auch die Lieferung kompletter Fahrzeuge an, worunter generalüberholte Dixis („ausgeschliffene Motoren") mit fertigmontierten Karosserien zu verstehen waren.

Schmuckstück: Dieser liebevoll restaurierte Ihle-Dixi ist im bayerischen Altmühltal daheim.

Rudolf Ihles Geniestreich anno 1946: ein 328-Sportroadster in Zwergenausführung.

Ihle war nicht billig – trotz Lieferung nach Billigheim.

Gebr. Ihle, Bruchsal i. B.

POSTFACH B 200
Fernsprecher 2081
Karrosserie- und Apparatebau

Postscheckkonto Karlsruhe 12775 — Bankkonten Bezirkssparkasse Bruchsal Nr. 135, Deutsche Bank und Diskonto-Gesellschaft

RECHNUNG   Bruchsal, 15. Dez. 1937.
                                            Büchenauerstr. 36

für Firma Ludwig Kern, Kraftfahrzeuge   Billigheim / Pfalz

			RM	Pf
1	Karosserie Typ " Ihle 800 "		295.	--
1	Kühlerattrappe		27.	50
1	Windschutzrahmen, kompl.		22.	--
	Kotflügelstützen, abgebogen		8.	80
1	Verlängerungsplatte		3.	85
	Aluminiumleisten		3.	30
1	Steuerungswinkel		3.	10
2	Lampenhalter		2.	20
4s	Zierleistenköder		3.	60
1m	Windschutzköder		-.	90
2m	Kotflügelköder		1.	--

erhalten am 15.12.37   371. 25

Giugiaro zeichnete dieses sportliche Coupé. Es hat seinen Platz in der Karmann-Haussammlung gefunden.

Auch heute noch vermögen die schnittigen Ihle-Aufbauten zu beeindrucken, wie dieser Ihle Typ 800 beweist. Es gab offiziell nur drei verschiedene Typen, nämlich den kleinen 600, den 800 und den 900 S, aber daneben wurden die Karosserien im Detail auf Wunsch verändert geliefert, wie alte Fotos zeigen.

Nach dem Zweiten Weltkrieg hatte die Firma ihr Produktionsprogramm umgestellt. Sie fertigte nun winzigste Sportroadster im BMW 328-Look mit 125-Kubik-Motörchen. Erstaunlicherweise hatte Rudolf Ihle 1946 die Idee, seine Mini-Sportwagen auf der Rennstrecke vorzuführen. Dafür war ein Autobahnstück bei Karlsruhe vorgesehen. Zusätzlich hatte Ihle für diese Vorstellung sogar einen Monoposto angefertigt, mit dem er über einige Runden einen beachtlichen Durchschnitt herausfuhr. Vermutlich dienten diese Fahrten einzig und allein der Promotion für seine Produkte, denn dass er eine neue Rennwagen-Klasse initiieren wollte, vermag heute niemand mehr zu glauben. Eingesetzt wurden diese Mini-BMW tatsächlich auf Kirmesveranstaltungen, ähnlich den kleinen Elektroautos auf den Jahrmärkten.

Die Firma Ihle stellte noch lange äußerst naturgetreu gestaltete Miniautos für Jahrmarkt-Fahrgeschäfte her, bis sie nach dem Tode des letzten der beiden Brüder Ihle im Jahr 2000 aufgelöst wurde, wobei Räumlichkeiten und Mannschaft von einem anderen, fachfremden Betrieb übernommen wurden. Aber damit ist die Geschichte des Hauses Ihle noch nicht zu Ende, denn eine Firma Ihle

Fahrzeugbau KG, Manfred Salzmann, offenbar mit einem ähnlichen Lieferprogramm wie der alte Betrieb, war bis vor kurzem in München zu finden.

Karmann, Osnabrück

In Osnabrück, bei der von Wilhelm Karmann 1901 gegründeten Karosseriefabrik, hatte man sich immer auf Serienfertigung für große Autohersteller beschränkt. Für die Frankfurter Firma Adler beispielsweise fertigte man große Serien von Werksaufbauten an, speziell Cabriolets. Und 1930 wurden bei Karmann funktionalistische Adler-Cabriolets nach den Entwürfen des großen Bauhaus-Architekten Walter Gropius gefertigt. Auch hier war eine Serienfertigung geplant, dieses Fahrzeug entsprach aber zu sehr der „form follows function"-Linie, um eine Chance über die Kleinserie hinaus zu haben. In der Nachkriegszeit dominierte in Osnabrück die Auto Union mit ihren DKW-Karosserien, wozu dann die langjährige Verbindung zum Volkswagenwerk in Wolfsburg kam. Insbesondere der Karmann-Ghia, die sportliche Ausführung des „Läuft und läuft"-Käfers, wurde zu einem Renner und verkaufte sich aufgrund seiner graziösen, von Mario Boano unter Leitung von Luigi Segre bei Ghia gezeichneten Linien außerordentlich gut.

Bei Karmann gab es schon immer eine eigene Karosserie-Konstruktion und ein eigenes Studio. Nach dem Krieg für lange Jahre unter Leitung von Johannes Beeskow, der früher bei Erdmann & Rossi in Berlin die großartigen Sonderaufbauten gezeichnet hatte, nach denen sich heute Sammler in aller Welt verzehren. Heute ist die Karmannsche Studio-Kapazität unter Leitung des Chef-Designers Jörg Steuernagel erheblich gewachsen und man kann der internationalen Autoindustrie vom Rendering bis zur fertigen Produktionsschiene vieles bieten.

Schon vor vielen Jahren ging man im Hause Karmann eine innige Verbindung mit den Bayerischen Motoren Werken ein. Als Resultat wurden hier die Cabriolets beziehungsweise Coupés gefertigt. Da konnte es dann schon mal vorkommen, dass in Osnabrück ein Coupé das Dach verlor: In Genf 1982 stand ein bildschönes großes BMW Cabriolet auf Basis der BMW 6er-Reihe. Diese Studie ging allerdings nicht in Serie. Die zwei gebauten Prototypen stehen wechselseitig in der hauseigenen, nicht der Öffentlichkeit zugänglichen Privatsammlung von Karmann und im Museumsdepot bei BMW. Wobei wir nicht verschweigen

wollen, dass ein ähnliches Cabriolet auch auf Basis des 3er-BMW entstand, das heute ebenfalls das Hausmuseum zieren darf.

Zusammen mit Giugiaro und seinem Ital Design-Studio wurde 1976 ein hochmodernes Coupé bei Karmann angedacht, wie man derer diverse schon für andere Firmen im Hause als Studien entwickelt hatte. Dieses keilförmige Fahrzeug mit seiner spitzen Frontpartie und der schwarzen Gummigarnierung vorne nannte Giugiaro einfach „Karo As". Natürlich wurde es der BMW AG vorgestellt, aber nachdem der Wagen zwar sehr attraktiv, aber nicht BMW typisch aussah, blieb es bei diesem Prototyp, der heute noch die Karmann-Sammlung ziert.

Kein Serienbau: ein bei Karmann entwickeltes 2000C-Cabriolet. 1982 wurde auch ein attraktives 6er-Cabriolet präsentiert, das ebenfalls ein Einzelstück blieb.

Karmann entwarf auch dieses Cabriolet auf 3er-Basis (kein Serienbau).

Im Bau bei Reutter: Einer der 501-Prototypen von 1949/50.

Reutter und Co., Stuttgart

Die Münchner Entwickler hatten sich nach Wiederaufnahme des Automobilbaus 1949 an die Firma Reutter in Stuttgart gewandt, um dort mangels eigener Kapazitäten drei Prototypen des intern als 541 bezeichneten neuen Wagens (Verkaufsbezeichnung 501) fertigen zu lassen. Für später wurden dann Reutter ganze Serien von Sonderaufbauten wie Cabriolets in Aussicht gestellt. Nachdem aber keine konkreten Zusagen über Nachfolgeaufträge zur 501-

Entwicklung vorlagen, wandte sich Reutter der Porsche-356-Fertigung zu. Gegründet 1906 vom gelernten Sattler Wilhelm Reutter, dem sein Bruder Albert später kaufmännisch zur Seite stand, vergrößerte der Betrieb sich schnell und zog 1908 in die Stuttgarter Augustenstraße um.

Die 20er-Jahre brachten nach Experimenten mit Weymann-Aufbauten und größeren Auslandslieferungen den Wechsel von Einzelanfertigungen (zum Beispiel für den ehemaligen deutschen Kaiser) auf die lukrative Kleinserienfertigung. Dazu wurde die Umstellung auf die reine Blechverarbeitung ebenso notwendig wie der Einsatz von Press- und Ziehwerkzeugen.

Anfang der 30er-Jahre konnten Kleinserien auf Dixi- und AM-Chassis gefertigt werden, die „Sport-Phaeton Zweisitzer" (1932) und Cabriolets. Reutter lieferte damals nach eigenen Angaben rund 50 Aufbauten auf verschiedenen BMW Chassis. Das Hauptgeschäft bestand in der Serienfertigung für die sächsische Auto Union (primär Wanderer), daneben führte man auch Entwicklungsaufträge

Reutter-Entwurf für eine viersitzige Stromlinienlimousine. Bei dem kurzen Radstand wirkt der üppige Hecküberhang noch dramatischer.

für das Büro Porsche durch: stromlinienartige Spezialkarosserien für Zündapp, NSU, Wanderer. Außerdem entstanden 40 Vorserienfahrzeuge des KdF-Wagens, die drei Kdf-Aluminiumcoupés für eine 1939 geplante Europa-Rallye nicht zu vergessen, die als gestalterische Vorläufer des späteren Typs Porsche 356 gelten können. Selbst ein Versuchswagen für Prof. Kamms Stuttgarter Kraftfahrforschungs-Institut wurde bei Reutter noch in den ersten Kriegsjahren aufgebaut. 1937 hatte Reutter das moderne Karosseriewerk in Zuffenhausen („Werk II") in Betrieb genommen, dort lief später die Porsche-356-Fertigung an, was zur Übernahme dieses Werkes durch die Firma Porsche führte. Reutter wandte sich im Stammwerk nach 1945 stark dem Nutzfahrzeugbereich zu, besonders auf Opel-Chassis, entwickelte sogar für die Jenbacher Werke in Österreich einen kompletten LKW und karossierte selbst Straßenbahnwagen. Daneben wurden wohl noch vereinzelte Auf- oder besser Umbauten auf verschiedenen Chassis gefertigt, sogar der Citroën DS wurde geöffnet und für den amerikanischen Stylisten Brooks Stevens wurden sowohl Van-Prototypen auf Jeep-Basis wie auch ein Luxuswagen-Prototyp gebaut.

1963 endete der Karosseriebau bei Reutter im alten Betrieb an der Augustenstraße 82, nachdem dort schon lange die bekannten Recaro- („Reutters Reform Cabriolet") Liegesitze für sportliche Fahrer gefertigt wurden.

Tropic, Crailsheim

Die Tropic Automobildesign GmbH im schwäbischen Crailsheim wurde im Januar 1981 von dem Werbekaufmann Jürgen G. Weber aus Sindelfingen gegründet. Schon zuvor – im Herbst 1979 – hatten Weber und sein Team auf der Internationalen Automobil Ausstellung mit dem Entwurf eines Ford-Fiesta-Cabriolets von sich reden gemacht. Anstelle vom Fiesta ging dann im Sommer 1981 der Toyota Celica in drei verschiedenen Offen-Versionen in Serie. Innerhalb eines Jahres wurden rund 450 Stück gebaut.

Im Mai 1982 trat der Honda Prelude als Vollcabriolet an die Stelle des auslaufenden Toyota Celica. Im Herbst 1982 sollte eine kleine Exklusivserie des Opel-Ascona-Cabriolets sowie die Produktion des bereits 1981 in Genf präsentierten BMW 635 CSi-Cabriolets mit elektrischem Verdeck anlaufen. Dazu kam es jedoch nicht mehr. BMW selbst zeigte sich am 6er-Cabriolet sehr interessiert und schickte einige Ingenieure, die sich vor Ort ein Bild über

Von der Karosserie zur Innenausstattung

Nach dem Tod leitender Mitarbeiter der Familie Reutter noch im Krieg wurde die Firma Reutter & Co später durch die Herren Ernst Körner und Walter Beierbach, zuletzt von Direktor Max Müller-Schöll bis zur endgültigen Übernahme durch die Firma Porsche geführt. Als Derivat von Reutter hatte sich inzwischen nach Übernahme der Recaro-Produktion durch Keiper, Remscheid, die Firma Keiper-Recaro mit dem Werk in Kirchheim/Teck gebildet. Heute ist das Unternehmen führend im Bereich der Innenausstattungs-Zulieferung für große Automobilhersteller und beschäftigt mehr als 8.000 Mitarbeiter an 34 Standorten.

Ursprünglich von Tropic: BMW 635 CSi Cabriolet.

die Produktionsmöglichkeiten einer Kleinserie bei dem 30-Mann-Betrieb machen sollten. Die Herren wendeten sich, so ein Augenzeuge, mit Grausen an: Die Tropic-Produktionsmethoden waren alles andere als professionell, der Prototyp bog sich wie eine Banane und konnte nur durch erheblichen Aufwand wieder in Form gebracht werden.

Zweitürige Reutter-Cabriolets auf 320 (321?) gab es in den späten 30er-Jahren in ähnlicher Form wie bei Wendler und Drauz. Das viersitzige Cabrio (320) sollte 5.250 Reichsmark, eine 2/3-sitzige Version sogar 7.700 Reichsmark kosten. Karossiert wurden auch 315/1, 327, 328 und in Kleinserie Zweisitzer-Spezial-Cabriolets 319.

Ein 319/1-Sportwagen für den Rennfahrer von Ernst Ludwig Ferdinand von Delius (1936): extravagante Gestaltung von „Ballon" und Luftauslässen. Auch die Zulassungsnummer ist nicht gerade alltäglich.

Die Crailsheimer Firma ging im Oktober 1982 in Konkurs. Ihrem Gründer kommt zumindest das Verdienst zu, mit seinen Kreationen die Wiedergeburt des Cabriolets in Deutschland beschleunigt und einigen großen Herstellern gewissermaßen als Katalysator gedient zu haben.

Stromline verhieß Schnelligkeit, und deshalb zeigten die BMW Blätter den sensationellen Wendler-Wagen auf der Autobahn.

Wendler, Reutlingen

Die renommierte Kutschwagen-Fabrik von Adolf Wendler, gegründet 1840, stellte sich wie viele Wagnerbetriebe nach dem Ersten Weltkrieg auf die Karossierung von Automobilen um. Designer war seit damals Helmut Schwandner, der, wie viele seines Faches, eigentlich aus sportlicher Liebhaberei an den neumodischen Automobilen zum Formgestalter wurde.

Den aufkommenden Trend zur Stromlinie erkannte Schwandner schon frühzeitig und im Gegensatz zu anderen renommierten Karosseriebetrieben gelang es ihm frühzeitig, einen ausgewiesenen Aerodynamik-Fachmann als Berater zu gewinnen: Das war Reinhard Freiherr Koenig-Fachsenfeld, seines Zeichens Techniker aus Stuttgart und seit 1937 deutscher Vertreter der Schweizer Patentverwertungsfirma AVP des Ingenieurs Paul Jaray. Dieser hatte in den frühen 20er-Jahren Patente auf aerodynamische Automobil-Formen erhalten; ohne seine Lizenz waren bestimmte Aufbauformen nicht zu realisieren. Schwandner erwarb also für die Firma Wendler eine AVP-Lizenz, um Aufbauten in der modischen Stromlinie anbieten zu können und Koenig-Fachsenfeld wurde für den Grundentwurf jedesmal hinzugezogen. So entstanden in der zweiten Hälfte der 30er-Jahre die berühmten Wendler-Stromlinienwagen, deren Einfluss auf BMW gar nicht hoch genug eingeschätzt werden kann.

War ein normaler BMW 328-Sportwagen mit seiner Drei-Vergaser-Maschine schon um die 150 km/h schnell, so sollten die Wendlerschen 328er gar an die 180 Sachen laufen, allein durch die zweckmäßigen Aufbauten. Dieses Ziel wurde auch erreicht, was Nachmessungen in Zusammenarbeit mit BMW bestätigten. Neben 328er- wurden auch 326er-Typen aerodynamisch eingekleidet. Ingesamt entstanden so sieben Aufbauten auf BMW Chassis, alle sofort an den typischen Kühlerschlitzen als Wendler-Karosserien erkennbar. Zwei dieser Fahrzeuge überlebten den Zweiten Weltkrieg und die Sammelleidenschaft der Besatzungsmächte, die alle nach BMW oder extravaganten Formen aussehenden Autos sofort requirierten. Einer dieser beiden 328 mit Wendler-Stromlinien-Aufbau war als Rennsportfahrzeug zu Testzwecken nach Le Mans gelangt und wurde nach dem Krieg dort noch lange als Schulungswagen für angehende Rennfahrer benutzt. Heute befindet sich dieser Wagen im Besitz des Deutschen Museums in München. Der zweite Wagen gelangte in den 70er-Jahren ans Tageslicht, als ihn ein kenntnisreicher BMW Liebhaber auf einem Schrottplatz entdeckte. Dieses Fahrzeug wurde nach aufwendiger, detailgetreuer Restaurierung wieder fahrfähig und erfreute das Herz eines süddeutschen BMW Sammlers.

Der letzte Schrei!

Stromlinie – das verhieß nicht nur ungewöhnliche Linien, das stand als Synonym für „Schneller fahren" – dank attraktiver Luftwiderstandsbeiwerte. Und das Thema der 30er-Jahre hieß ja international „Speed is the cry of the time", wie es ein bekannter Designer damals formulierte. Die neuerbauten Autobahnen lockten den Sportfahrer, und Wendler in Reutlingen bot mit den neuartigen Karosserien hierfür die richtigen Gefährte an. Natürlich auf BMW Chassis, denn BMW war damals schon die Marke für sportlich engagierte Autofahrer.

Damit ist die Geschichte der Wendler'schen Specials aber noch nicht zu Ende, denn als – sozusagen unentdeckte – Weiterentwicklung entwarf Helmut Schwandner um 1950 herum eine Coupéform mit flüssigen Linien und einem Grill nach modischer Alfa-Linie. In dieser Form wurden, fast identisch, mindestens zwei Chassis vom Vorkriegstyp 335 eingekleidet, die angeblich den Krieg vergraben überstanden hatten. Der Besteller, ein Sportfahrer mit besten BMW Beziehungen schon vor dem Krieg, hatte Wend-

Windkanalmessungen eines Wendler 328, 1981. Die erzielten Werte sind auch aus heutiger Sicht beeindruckend günstig.

Ein Wendler-Stromliniencoupé der Nachkriegszeit in Alfa-Romeo-Manier, um 1950. Mehrere ähnliche Karosserien wurden verkauft.

Südamerika, in grundiertem Zustand angeboten, von einem GI übernommen, anschließend hellgelb lackiert, und, um das Maß der Scheußlichkeit vollzumachen, mit rot-weißen Ledersitzen versehen. Dieser amerikanische Geschmack stand dem Auto nicht besonders. Glücklicherweise kam der Wendler 335 später in die Hände eines anderen Amerikaners. In seiner Obhut gelangte der Wagen nach New York, ein anderer scheint in die Schweiz gegangen zu sein. Der amerikanische Wagen ging vor einiger Zeit, wie mir der Besitzer bei einem Besuch in Deutschland erzählte, in den Besitz eines bekannten japanischen Sammlers über, der inzwischen allerdings verstorben ist.

Noch ein großer BMW, in ähnlicher Linie aber mit Niere, als Cabriolet karossiert.

ler wohl freie Hand gelassen, denn neben den äußeren Formen wurde auch die „innere Aerodynamik" dieser Wagen umgestaltet. Sie erhielten darüber hinaus doppelte Tanks für Langstreckenfahrten und einige andere beachtenswerte Features. Einer dieser Wagen wurde, nach der überstürzten Abreise seines potentiellen Besitzers nach

Die Firma Wendler selbst baute natürlich auch andere, weit weniger ausgefallene Karosserien, viele davon vor und nach dem Krieg auf BMW Basis. Noch heute werden flüssig gestaltete Sportaufbauten auf BMW gemeinhin erstmal Wendler zugeschrieben. Der Betrieb blieb bis etwa 1963 als Aufbau- und Prototypenhersteller aktiv. Als Spezialität bei Wendler pflegte man, neben anderem, noch die Her-

stellung gepanzerter Fahrzeuge und die Restaurierung von Klassikern. Ein gescheiterter Zweitbetriebs-Versuch im Osten Deutschlands führte zur Übernahme durch die bei Osnabrück ansässige Firma pgam, die inzwischen ihrerseits von einer englischen Gruppe übernommen wurde.

Wiesmann, Dülmen

Die schönsten Cabriolets der letzten Jahre waren leider auch diejenigen, die am wenigsten praxistauglich waren. Ob BMW Z 1 oder Mazda MX 5: Ablagefläche und Gepäckraum waren mit einer Aktentasche schon gefüllt, die Mitnahme eines Koffers wurde zum Problem. Auch die Roadster-Generation der 50er-Jahre hatte dieses Problem gekannt, weswegen es spezielle Koffer- und Taschensets gab, die die Hohlräume passgenau ausfüllten.

Früher wurde das ab Werk angeboten, den Roadster-Piloten von heute bleibt dagegen zumeist nur der Gang zum Zubehörspezialisten, beispielsweise der Wiesmann Auto-Sport GmbH in Dülmen. Die 1988 gegründete Fir-

ma bietet neben einem Taschensatz für den Z 1 auch Spoiler, Felgen und sonstiges Zubehör an, wie Hardtops und Hardtop-Ständer für die BMW 3er-Cabrios und den BMW Z 1.

Den Schritt vom Tuner zum Automobilproduzenten vollzog Wiesmann mit seinen Roadster-Schöpfungen MF 25 und MF 35. Der knapp vier Meter lange und rund 850 Kilogramm schwere Zweisitzer war eine komplette Neukonstruktion im Stil britischer Roadster, mit deutlichen Anklängen an den Austin Healey 3000. Beide Versionen verfügen über eine Karosserie aus glasfaserverstärktem Kunststoff und aluminiumbeplanktem Gitterrohrrahmen mit zusätzlichem seitlichen Aufprallschutz. Unter der Haube des MF 25 tut der 170 PS starke Reihensechszylinder aus dem BMW 325i Dienst, beim MF 35 sorgt das 535i-/735i-Aggregat mit 211 PS für Vortrieb. Auch Getriebe- und Fahrwerksteile stammen von BMW. Weitere weiß-blaue Spezialitäten wie Sperrdifferential und Antiblockiersystem sind gegen Aufpreis lieferbar.

Koenig-Fachsenfeld-Entwurf nach Jaray-Lizenz, umgemodelt von Wendlers Hausgestalter Helmut Schwandner: ein BMW 328 als Alu-Stromliniencoupé (1938, einer von zwei ausgeführten Wagen). Die Wollfäden an der Karosserie markieren den Luftstrom für die 1981 durchgeführten Windkanalmessungen.

Wiesmann-Roadster
MF 25/MF 35: Der Roadster
ist eine eigenständige
Entwicklung und basiert auf
BMW Mechanik.

Die Ausstattung der Roadster beschränkt sich laut Prospekt auf „das Wesentliche", was in diesem Fall Sportsitze mit Stoffbezug, Colorverglasung, Lederlenkrad und einen ordentlichen Kofferraum bedeutet. Tachometer und Drehzahlmesser befinden sich zumindest im Prototyp noch in Höhe der Mittelkonsole, nach BMW Manier leicht zum Fahrer geneigt. Darüber sitzen die Instrumente für Öldruck-, Öltemperatur-, Wassertemperatur- und Kraftstoffanzeige sowie die obligatorische Zeituhr.

Offelsmeyer-Entwurf auf
BMW 328 für Teves, karossiert
1936 bei Weinberger.

Weinberger, München

Die eigentlich mehr durch den extravaganten Bugatti Royale bekannt gewordene Münchner Firma Ludwig

Weinberger bot ansonsten solide Hausmannskost. In verwandtschaftlichen Beziehungen zum älteren Karl Weinberger und dessen Karosseriefabrik stehend, spezialisierte sich Ludwig jun. schnell auf BMW Karosserien. In den Unterlagen der Firma finden sich viele Entwürfe, von Dixi-Roadstern über 315- und 319-Wagen bis hin zu den obligaten 328-Sportwagen. Letztere wurden von Weinberger, ähnlich wie von den Vereinigten Werkstätten und Wendler, zu besser alltagstauglichen Cabriolets umgebaut, zum Teil sogar mit richtigem Kofferraum versehen.

Es gab natürlich auch richtige „one-offs", so zum Beispiel einen Spezial-Roadster auf 328-Chassis mit Tropfen-Kotflügeln und modischem Grill nach amerikanischer Machart, wobei die Scheinwerfer wie Trompeten aus dem Karosseriekörper herauswuchsen.

Dieser einmal angefertigte Wagen war eine Commission für Alfred Teves, den Inhaber der bekannten Bremsenfirma ATE, heute zu ITT Industries gehörig. Teves wollte einen wirklich exklusiven Wagen haben, und obwohl Weinberger, selbst an der Karosseriefachschule in Köthen ausgebildet, gute Entwürfe machen konnte, musste aus unbekanntem Grund der Designer Offelsmeyer seine Zeichenkünste vorführen. Offelsmeyer war als freiberuflicher Auto-Illustrator und Gestalter von Auto-Prospekten seit

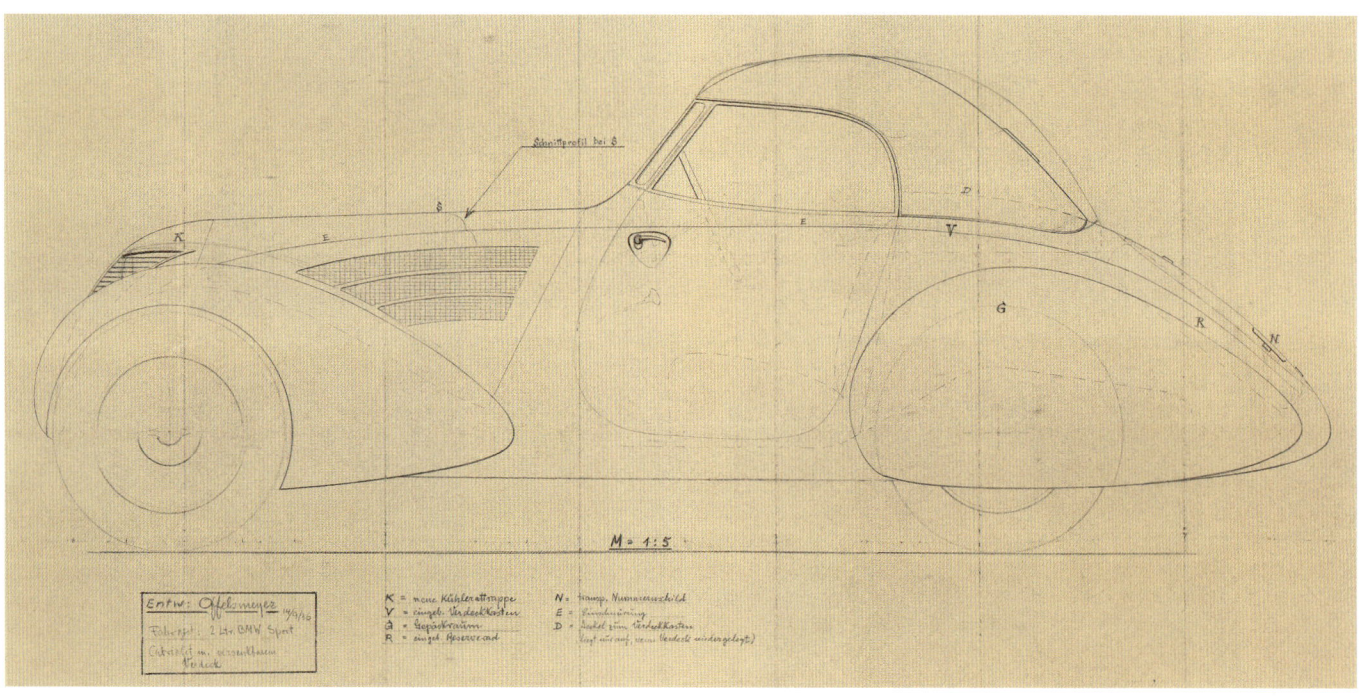

den 20er-Jahren bekannt. Als kleinen Nebenjob entwarf er
noch ganze Autos, so den Hanomag 1,3l mit seiner
Stromlinienformkarosserie (1939). Dieser eher wie ein
verhunzter Käfer aussehende Wagen galt damals als Ultima
Ratio des Karosseriebaus, weil er einerseits als absolutes
Novum eine selbsttragende Karosserie hatte, andererseits
ausdrücklich für die Großserie bei Ambi-Budd ausgelegt
worden war. Von Offelsmeyer kennen wir aber noch einen
anderen realisierten Entwurf, einen Bugatti Typ 57, der
mit einem äußerst eleganten Semi-Stromlinienaufbau
glänzte. Er war um 1938 bei Voll & Ruhrbeck in Berlin angefertigt worden. Erstaunlicherweise hat der Aufbau (nicht
der Wagen) im Ostblock überlebt, was von dem BMW
Spezialroadster leider nicht gesagt werden kann. Wie gelungen dieser war, belegt die Original-Entwurfszeichnung.

Keine Replik auf Bugatti Royale

Ludwig Weinberger gab, nachdem in seiner
Münchner Firma annähernd 300 BMW Automobile karossiert worden waren, den eigentlichen Karosseriebau um 1953 auf. Er wurde
aber wenige Jahre vor seinem Tod im Jahr 1982
noch einmal voll gefordert. Bei all der Hausmannskost wäre dies eine interessante Aufgabe
geworden. Leider kam es dann aber – unter
anderem natürlich aus Kostengründen – nicht
zu dem (Zweit-) Bau dieses Wagens.

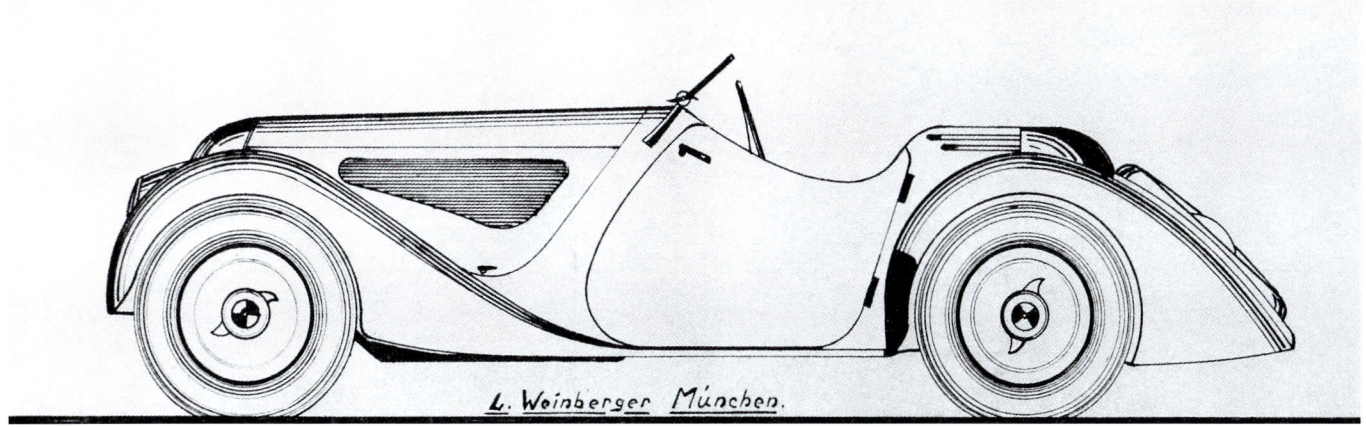

L. Weinberger München.

Einzelstücke von BMW

Viele kleinere Karosseriefirmen gab es im Deutschland der 30er-Jahre, eine Menge davon in der Großstadt Berlin. Fast jede von ihnen karossierte neben Lieferwagen und Anhängern gelegentlich wohl auch mal einen PKW, und viele BMW entstanden so gewissermaßen nebenbei – seien es nun rennsportliche Umrüstungen mit reduzierter Karosseriemasse (sehr beliebt) oder spezielle progressive Sonderkarosserien, wie beispielsweise das gezeigte 326-Cabriolet mit stromlinienförmiger Frontpartie und Ponton-Flanken.

Wenig bekannt ist auch der BMW 3/20 von Musigk & Haas, der mit seinen horizontalen Luftauslässen an der Haube und den Schrägen in der Linienführung recht knackig wirkt, nicht zuletzt auch wegen der sportlichen Kotflügel vorne. Selbst ein integrierter Koffer wurde ihm spendiert, während die verchromten Radscheiben einer anderen Epoche angehören.

Der Zweite Weltkrieg bedeutete für die Mehrzahl der Firmen das Ende. Natürlich, es gab noch welche, die BMW Karosserien herstellten, allerdings handelte es sich dabei eher um private Bastler, nicht um renommierte Firmen. Paradebeispiel für zumeist aus der Not geborenen Umbauten und Neukarossierungen der Nachkriegszeit ist der BMW 315, der in den 50er-Jahren das „Opfer" eines Karosseriebau-Studenten der Meisterschule Kaiserslautern wurde. 1934 gefertigt, erhielt er eine rot-weiß lackierte Coupé-Karosserie als Meisterstück. Dieser nunmehrige Zweisitzer blieb unter der neuen Hülle bis auf ein VW-Armaturenbrett und -lenkrad unverändert. Der Wagen verbrachte sein zweites automobiles Leben in Freiburg im Breisgau, wo ihn 1970 dann die Abmeldung ereilte. 1993 wurde er gerettet, wobei damals noch nicht genau entschieden war, was mit ihm passieren sollte: Rückbau zur originalen 315-Cabriolimousine oder Restaurierung des 50er-Jahre-Aufbaus?

Auch Luigi Colani, der Berliner Universal-Designer, beschäftigte sich mehrfach mit BMW. Sein erster Vorschlag von 1959 für einen Stadtwagen auf Isetta-Grund-

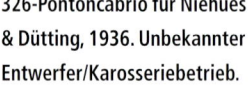

326-Pontoncabrio für Niehues & Dütting, 1936. Unbekannter Entwerfer/Karosseriebetrieb.

3/20-Cabrio von Musigk
& Haas, Berlin, 1932.

lage blieb nur eine Zeichnung; in den 60er-Jahren experimentierte er mit verschiedenen Sportwagentypen, von denen der 1963 entstandene Colani GT 700 besondere Beachtung verdient. Hier war ein extrem sportliches Coupé auf Basis des BMW 700 entstanden, wie bei Colani üblich in eher extrovertierter Form und aus GFK gefertigt. Später resultierten daraus ähnlich gestaltete, serienmäßig hergestellte Kunststoff-Karosserien auf dem VW-Plattformrahmen.

Verschiedene andere Sportwagen-Entwürfe trugen das BMW Logo, für Colani das Synonym für Sportlichkeit. Sie blieben ebenfalls Papier, im Gegensatz zu einem 1977 für den Rennsport modifizierten 3er-BMW, dem später Modelle für eine 7er-Limousine und in 1:1-Größe für einen Hyper-Sportwagen namens „M2" folgten.

Im Zeitalter der selbsttragenden Karosserien ist ein BMW Umbau heutzutage zumeist kein Thema mehr. BMW Umbauer, sofern sie sich nicht auf extremes Show-tuning beschränken, bieten heute zumeist die Möglichkeit, den Wagen zum Cabriolet umzubauen. Die Qualität der Umbauer – und Umbauten – differiert sehr stark. Vom Lumma-Bausatz für die BMW 02-Reihe bis zum fertig umgerüsteten ABC-850er reicht die Spannweite. Am be-

kanntesten dürfte das 850i-Cabriolet „Monte Carlo" der Pinneberger Firma Styling Garage gewesen sein. Das sehr gelungene Cabriolet – mit Regensensor – konnte aufgrund erheblicher Widerstände der Münchner nicht mehr gefertigt werden. Sogar ein 1:24-Plastikmodell-Bausatz durfte nicht mehr mit dem BMW Label versehen werden.

In den 50er-Jahren neu karossierter BMW 315 von 1934.

Schweizer Karosserie-Eleganz

Die Schweizer Carossiers waren natürlich auch nicht untätig geblieben, was BMW Aufbauten betrifft. Waren sie vor dem Krieg eher auf amerikanische Wagen und französische Edelmarken wie Delahaye und Bugatti spezialisiert als auf thüringische Chassis, so gab es nach dem Krieg durchaus Einzelstücke und Kleinst-Serien auf BMW.

Beutler, Thun

In Thun bei Bern war die Karosseriefirma der Gebrüder Beutler angesiedelt. Wie bei so vielen schweizerischen Be-

Ein BMW 328 Beutler, um 1949, in zeitgemäßer Ponton-linie karossiert.

trieben dieser Art hatte man schon in den 30er-Jahren angefangen und so reichhaltige Erfahrungen im Bau von Personenwagen-Karosserien sammeln können, beispielsweise wurde 1935 ein Bugatti Typ 57 als Cabriolet aufgebaut.

Nach dem Krieg hatte das Unternehmen unter der Leitung von Ernst Beutler schnell wieder Anschluss an den Carossier-Markt gefunden. So wurde 1949 mit den ersten Porsche-356-Cabriolets Verbindung mit einer aufkommenden Weltmarke aufgenommen. Es folgten nach einem frühen Healey-Sportwagen ein italienisch anmutendes Bristol 401 Cabriolet (mit BMW Nieren) nebst einem Jowett Jupiter, Jaguar XK 120, Mark VII-Cabriolet, Austin A 70, ein viersitziges Lancia-Aurelia-Cabriolet und ein Delahaye 235. Selbst ein Packard Cabriolet wurde nach dem Krieg angefertigt, das zwar schon eckige, schlichte Linien erhielt, auf Wunsch des Auftraggebers aber einen altmodischen Packard-Kühler im Stile der 30er-Jahre aufwies, den Ernst Beutler übrigens extra nach alten Plänen bauen ließ.

BMW 502 in einer modernen Hülle von Gebr. Beutler, Thun.

Einer der perspektivischen
Entwürfe der
Gebrüder Beutler.

Ein Bristol 406 und diverse VW-Coupés und -Cabriolets folgten (1957), denen sich ein Simca Aronde-Coupé und sogar der Prototyp für ein Coupé des deutschen Herstellers Maico anschlossen. Das war 1958 und im nächsten Jahr wurde, ähnlich wie bei den Franzosen, ein Cabriolet auf Basis des Citroen DS 19 angeboten.

In punkto BMW war man nicht untätig geblieben: Kurz nach dem Krieg hatte man mehrere 328-Sportroadster in modischer Pontonlinie, nur im Detail unterschiedlich, umgerüstet; so gedachte Ernst Beutler auch auf dem 502-„Vollschutzrahmen", der als nacktes Fahrgestell vom Münchner Werk angeboten wurde, Coupés zu liefern. Nach allem, was wir heute wissen, sind insgesamt wohl sechs Aufbauten entstanden, deren erste sich mit ihrem Queroval als Grill, gespickt mit massiven Chromstäben, eher amerikanisch denn bayerisch ausnahmen. Sie ähnelten in ihren Linien den gleichzeitig entstandenen VW-Coupés und dürften zwischen 1957 und 1962 entstanden sein, wobei einige Aufbauten als Grundlage den 503 hatten. Von letzteren, in eher strenger Linie gestaltet, hat sich mindestens ein Wagen erhalten, auch die neukarossierten 328 existieren noch. So ziemlich als letzte Konstruktion des Hauses entstand noch eine viersitzige Version des Por-

sche 356 B (1961), ähnlich wie einige Jahre früher bei Wendler in Reutlingen gefertigt.

Die Thuner Firma selbst ist wie viele Karosseriebetriebe irgendwann aufgegeben worden, nachdem die selbsttragenden Werkskarosserien ebenso wie die zunehmend unrentabler werdende Anfertigung von Einzelstücken ohnehin das Ende für diese Art von Betrieben bedeuteten.

Carrosserie Worblaufen, Fritz Ramseier + Cie

Nachdem die Schweizer Firma von Fritz Ramseier schon in den Kindertagen des Automobils, um 1910, noch als reine

Nur echte Cabriolets

Wie viele andere kleine und mittlere Aufbaubetriebe spezialisierte man sich bei Worblaufen auf Cabriolets, seit jeher ein Spezialgebiet herstellerfremder Karossiers. Diese Karosserieform wurde in bester Qualität ausgeführt; leicht zu bedienende Cabrioletverdecke waren das Markenzeichen des Hauses, man hielt sogar ein Patent auf ein einhändig zu bedienendes und vollständig versenkbares Verdeck. Im Unterschied zu anderen, auch durch offene Wagen bekannt gewordenen Firmen, hielt man sich des Komforts halber hier strikt an echte Cabriolets; Roadster-artige Notverdecke und Seitenfenster nur mit Steck- oder Cellonscheiben wurden nicht angeboten.

Ein frühes Coupé auf 502-Basis, wohl 1956 angefertigt.

Wagnerei bestanden hatte, wurde der in Worblaufen gelegene Betrieb 1929 als reiner Karosseriebetrieb neu gegründet. Inhaber waren die drei Brüder Fritz, Ernst und Hans Ramseier, Söhne des erwähnten Wagnermeisters Fritz Ramseier. Fritz Ramseier junior war als gelernter Stellmacher beziehungsweise Wagner der Verantwortliche für Entwurf und Karosseriekonstruktion im Hause.

Die in einem Vorort von Bern gelegene Firma begann anfänglich mit dem Aufbau von Nutzfahrzeugen und nahm Lieferwagen und Anhänger ins Produktionsprogramm auf. Ab etwa 1933 ging man mehr und mehr dazu über, Personenwagen aufzubauen.

Unter den bekannt gewordenen Aufbauten des Hauses befanden sich beispielsweise edle Wagen wie Mercedes SS, Bugatti Typ 57, Isotta-Fraschini Tipo 8A, Renault Nervasport und Nervastella, Chrysler, Buick, Peugeot 402 und 203, Martini FN, Talbot-Lago Record, MG, Bentley Mark VI, Jaguar XK 120, Jowett Jupiter, Riley, Hotchkiss, verschiedene Delage und zwei Lancia vom Typ Asturia. Auch Alfa-Romeos wurden eingekleidet, mindestens zwei Exemplare des Typs 6C 2300 B, von denen einer über die Jahre erhalten blieb und vom klassischen Formgefühl der Worblaufener Karosseriebauer kündet. Selbst ein amerikanisches Checker-Taxi musste für eine Sonderkarosserie namens „Großraumcabriolet" herhalten. Fritz Ramseier jun. engagierte sich auch in der Verbandspolitik. Er übernahm 1953 das Präsidium des Schweizerischen Carrosserieverbandes VSCI. Zu dieser Zeit gehörte dem Verband die stolze Zahl von 140 Firmen an!

Im typischen reduzierten Stil des Hauses wurde auch nach dem Zweiten Weltkrieg weitergearbeitet, und nun fand auch die Marke BMW Einlass in die Worblaufener Werkhallen. Autos mit separatem Chassis waren ja in der Nachkriegszeit rar geworden und so boten sich die großen Achtzylinder-BMW wie von selber an. Fritz Ramseier fertigte mindestens zwei verschiedene Entwürfe: Der eine betrifft ein Cabriolet auf Basis des Typs 502 3,2, dessen Pontonlinie mit den außen liegenden Scheinwerfern nur noch leichte Kotflügel-Ansätze im hinteren Radlauf enthielt. Vermutlich wurden nicht mehr als drei bis vier Wagen angefertigt, die 1959 und 1960 datiert sein dürften. Daneben entstanden auch Coupés, so 1956 ein zweitüriges Exemplar (Grundlage ebenfalls der 502 mit der 3,2-Liter-Maschine): Die klar gezeichnete Pontonlinie eher nach der Art des 503, in fast identischer Grundform wie das Cabriolet, beinhaltete den serienmäßigen Grill sowie die Lufteinlässe links und rechts, auch das Armaturenbrett wurde komplett aus der Serie übernommen. Von diesem Entwurf sind insgesamt zwei Exemplare, nach anderen Quellen sogar drei bis vier Stück (vermutlich später) aufgebaut worden. In ähnlicher Form war schon 1954 ein Coupé auf Basis einer Lancia Aurelia in Worblaufen entstanden.

Ramseier selbst stellte circa 1958 die Einzelfertigung nach insgesamt etwa 800 aufgebauten Karosserien ein, nicht zuletzt deshalb, weil Sonderaufbauten wie Cabriolets zunehmend unbezahlbar wurden, inzwischen ab Werk lieferbar waren und andererseits – ein typisches Problem aller Karosseriebauer damals – die selbsttragende Karosserie sich immer mehr durchsetzte und so wortwörtlich die Grundlagen für den Carossier entfielen.

Außer Reparaturen und einer Lancia-Vertretung hörte man zu dieser Zeit nur noch von Nutzfahrzeugfertigungen, beispielsweise gab es damals eine Arbeitsgemeinschaft der Firmen FBW Wetzikon, Ramseier & Jenzer AG und Gangloff AG zur Entwicklung eines schweizerischen Gelenkautobusses. Noch 1964 fertigte Ramseier & Jenzer Autobusse oder, schweizerisch ausgedrückt, Cars.

Aus Hochachtung für die Arbeit seiner karosseriebauenden Familie hat Urs Paul Ramseier 1996 das schweizerische Karosserie-Archiv (Swiss car register) gegründet und damit nicht nur das Worblaufen-Archiv nebst anderen gerettet, sondern dem klassischen Karosseriebau an sich ein Denkmal gesetzt.

Hermann Graber, Bern

Hermann Graber, Jahrgang 1904, erbte den Kutschenbau-Betrieb seines Vaters 1925 und begann dann allmählich, Autos zu karossieren. Graber war einer der ersten Stylisten, der in den 20er-Jahren konsequent in Stahl arbeitete, während ein Großteil seiner Zeitgenossen noch Aufbauten aus Holz oder Holz/Blech fertigte.

Seine ersten Stahlkarosserien entstanden auf Delage- und Voisin-Chassis, doch bald schon spezialisierte er sich auf amerikanische Fahrgestelle. Sein vielleicht schönster Wagen der Vorkriegszeit entstand auf einem 1937er Duesenberg-Chassis. Den großen Durchbruch schaffte Graber in den 50er- und 60er-Jahren mit seinen Wagen auf Alvis-Basis, nachdem die französischen Luxusmarken faktisch nicht mehr existierten. Bis zur Übernahme der britischen Jaguar-Konkurrenz durch British-Leyland entstanden mit dem TC 108 G und dem TF 21 sehr harmonische und ausgesprochen gelungene Luxuswagen. Nach dem Ende von Alvis fertigte Graber noch einige Einzelstücke auf Rover-Basis. Hermann Graber starb 1970 – die meisten seiner Wagen fahren heute noch. So wie auch das Graber-Cabriolet auf Basis des BMW 335, das dem Ehrenvorsitzenden des BMW Veteranenclubs Deutschland gehörte.

Auch nach 1945 soll Graber noch auf BMW gearbeitet haben, angeblich BMW 502, doch das lässt sich heute nicht mehr belegen: Die Unterlagen des Graber-Studios wurden 1970 während der Totenwache für den verstorbenen Meister verbrannt.

Ghia-Aigle und -Lugano

Diese Schweizer Firma aus dem Waadt-Land mit ihrem irreführenden Namen tauchte fast zeitgleich mit Giovanni Michelotti in der Szene auf und viele dort realisierte Entwürfe stammen tatsächlich aus dem gestalterischen Fundus des großen Meisters.

Waren es zu Beginn noch so unterschiedliche Aufbauten wie ein Jowett-Jupiter (1951), ein Singer SM 1500 Coupé, ein MG-TD als Cabriolet, ein Bristol 401-Coupé und ein Jaguar, so gibt es später auch Roadster- und Coupé-Aufbauten auf Lotus und ein luxuriöses Coupé auf Daimler-Regency-Chassis, wobei die beiden letzteren schon von Ghia-Lugano stammen. Gearbeitet wurde nicht ausschließlich auf englischen Chassis. Ebenso finden wir in den Firmenlisten neben einem Ferrari-Coupé Panhard-Sonderaufbauten wie das Coupé Grand Sport von 1954 und ähnliche Cabrios schon im Vorjahr. Selbst Exotisches wie der Prototyp eines neuen Serien-Kleinwagens wurde (wie fast immer nach Michelotti-Entwürfen) bei Ghia angefertigt: Es handelt sich um den raren „T 600" von Henning Thorndal, einem eher spekulativ handelnden dänischen Unternehmer, der schon in Deutschland mit einem Kleinwagen-Konkurs in Verbindung gebracht wurde und dann sein Glück in der Schweiz versuchte.

Michelotti-Skizze für die Staatslimousine auf 3200 S-Chassis, 1963 realisiert und noch existent.

Patent und komfortabel:
Sbarros Neuauflage seiner
eigenen Replik unter dem
Namen „BMW 328 America
Replicar", ab 1986.

Designer-Schule

Franco Sbarro hatte inzwischen unter dem Namen Espace Sbarro auch eine
„Ecole Sbarro pour l'Automobile Creative et l'Engineering" eröffnet, in der seine
Studenten in praxisnaher Ausbildung Auto-Design studieren konnten, was auf
diesem professionellen Level in Deutschland nur in Pforzheim möglich ist.

Die BMW Connection kam gegen 1955 zustande, als der
Prototyp einer neuen Repräsentationslimousine angefertigt wurde, der an anderer Stelle schon beschriebene Typ
505. Angeblich entstand dort auch die Karosserie zu der
modernisierten Limousine, die oft von der bayerischen
Staatsregierung verwendet wurde (1963).

Für dieses offiziell dem Chefdesigner Wilhelm Hofmeister zugeschriebene 502-Derivat mit den vier Scheinwerfern und der eckigen Dach- und Kofferraumpartie existiert eine Entwurfszeichnung von Giovanni Michelotti,
bei dem Beratungsvertrag des Italieners mit BMW nachvollziehbar. Im Jahr 1969 ging der „staatstragende" Wagen
dann in Pension, auf Bayerisch übersetzt heißt das, er ging
ins Werksmuseum. Später wechselte Ghia/CH nach Luga-
no, um mit dem Ende der Chassis-Ära und dem Beginn
der selbsttragenden Aufbauten die Geschäftsgrundlagen
zu verlieren und damit nach 1960 im Dunkel der Karosse-
rie-Geschichte zu verschwinden. Wie alte Bilder zeigen, ist
bei Ghia/Aigle offensichtlich auch ein Coupé auf BMW
Basis entstanden.

Sbarro

Dass nicht nur amerikanische Wunder-Autos wie der
Duesenberg, britisch-amerikanische Kooperationen wie
der AC Cobra und der Bugatti des kleinen Mannes auf
Volkswagen-Basis ihre Auferstehung feiern, ist im Zeitalter
der Nostalgie in jeder Hinsicht sicher kein Wunder. Entsprechend dachte man aber schon vor Jahrzehnten in der
Schweiz, wo Franco Sbarro, das automobile Wunderkind,
bei seiner Liebe für Sportwagen fast notgedrungen auf den
guten alten BMW 328 kam. Dieser Pionier unter den
modernen Straßensportwagen erschien gut dreißig Jahre
nach seinem Debüt in den 60er-Jahren erneut auf dem
Markt.

Franco Sbarro empfand die klassische Form optimal
nach, ließ sie in GFK herstellen und setzte sie auf ein Rohr-
rahmen-Chassis, das zum Teil in der – damals modernen –
Sandwich-Bauweise verstärkt war. Die Komplett-Kon-
struktion wog inklusive Antriebstechnik knapp 750 Kilo,
für damalige Zeiten extrem wenig, selbst in Relation zum
originalen 328er.

Als Antriebsstrang kaufte sich Sbarro die Option für
verschiedene damals aktuelle BMW-Motoren und -Ge-
triebe: So gab es zum Beispiel Motoren vom 1602 an auf-
wärts (bis zum 2002tii). Entsprechend bot er im Baukas-
tensystem Getriebe der Typenreihen 1602, 2002tii, 525
und 528 an. Das ganze Paket sorgte wie zu erwarten für dy-
namische Fahrleistungen, denn schon die Grundversion
mit der 2002-Maschine fuhr Tempo 190, während die

Spitzenmotorisierung mit dem 2002tii-Motor für echte 200 Sachen sorgte. Sein Prospekt zeigte auch weitere Motorisierungsmöglichkeiten wie die 2500-, 2800- und 3000er-Maschinen auf. Mit letzterer sollten sogar 250 km/h erreicht werden können! Das war bei der verhältnismäßig schlechten Aerodynamik des Ur-328 nur möglich dank des geringen Gewichts und zahlreicher munter wiehernder Pferdestärken. Entsprechend der Ur-Version war Sbarros Replik sehr kurz und sehr schmal geraten, war dank des geringen Wendekreises auch sehr handlich und bot damit entsprechend dem echten 328 viel Fahrspaß für betuchte Käufer. Zum Ausnutzen dieser Fahrleistungen gab es ein leistungsfähiges Fahrwerk aus dem aktuellen BMW Programm mit abnehmbarem Überrollbügel und Doppelzweikreisbremse mit Scheiben vorne.

Dieses Sportmobil bot Franco Sbarro auch als Mini-Version für Kinder an, ähnlich wie es Ettore Bugatti mit seinen Rennwagen-Typen machte. Laut Sbarros eigener Information hat er damals insgesamt 100 dieser Fahrzeuge angefertigt.

Dieser Klassiker aller Repliken feierte 1986 als BMW 328 America Replicar seine Auferstehung, inzwischen vertrieben von einer deutschen Firma namens Unicorn (Einhorn). Gewachsen waren aus Komfortgründen nicht nur Radstand, Länge und Breite, auch das Gewicht war inzwischen bei gut 900 Kilogramm angelangt. Dafür gab es außer einem Motor der Baureihe 325 mit 171 PS, gut für 220 km/h, eine Klimaanlage, Ledersitze und, wie nicht anders zu erwarten, nostalgische Instrumente. Angeboten wurde wieder eine komplette Auswahl an BMW Motoren, zum Beispiel der Sechszylinder des 635 CSi-Coupés und der 745i Turbo mit 252 PS. Auch ein Katalysator war an Bord und sogar eine Viergang-Automatik war erhältlich. Typisch für Sbarros Einzelstückfertigung nach Wunsch war der dezente Hinweis „Tell us what you want. Whatever can be done, we will do it".

Bei Hitze fährt man oben und seitlich ohne …

Englische BMW Verwandte

BMW Fahrzeuge, insbesondere die Sportwagen, hatten sich nach 1935 schnell die Herzen englischer Automobilisten erobert. Endlich gab es Fahrgeräte mit un-britisch-dynamischer Beschleunigung, gutem Handling und einem modernen Feeling. Eigenschaften, die bei BMW bekanntlich auch die Limousinen besaßen, während die englischen Saloon Cars eher behäbig waren. Frazer-Nash Cars mit ihrem Generaldirektor W. H. Aldington hatten sich 1935 die Lizenz für die bayerischen Produkte gesichert, und die Begeisterung britischer Herren- und Sportfahrer kannte keine Grenzen, wenn man damalige Kundenbriefe liest.

Es war also sicher nicht verwunderlich, wenn die Engländer nach dem gewonnenen Krieg das deutsche Know-how gerne für sich vereinnahmten.

Als erstes kam die alte Flugmotorenfabrik Bristol zum Zuge, die sich mit Bristol-Motoren auf 328-Basis ein gutes Renommee erwarb.

Bei dem britischen Hersteller AC Cars, heute vor allem dank der berühmten AC „Cobra" von Caroll Shelby bekannt, gab es auch eine Zeitlang Bristol-Motoren und somit indirekt BMW Power.

Der AC „Ace" Sportwagen erhielt 1956 die Sechszylin-der-Maschine von Bristol, die aus ihren 1.971 Kubikzentimetern damals 120 bhp bei 6.000 Umdrehungen herausholte. Es handelte sich hier um die weiterentwickelte Dreivergaser-Maschine des guten alten BMW 328. Man erkennt, welches Potential in den BMW Motoren steckte und wie lange diese Konstruktionen der frühen 30er-Jahre noch up to date waren! Auch bei Frazer-Nash finden wir BMW Anleihen, denn auch dorthin wanderte der BMW 328-Motorblock nach dem Krieg.

Bristol

Ähnlich BMW lag der Bristol-Ursprung im Flugmotorengeschäft. Aus der Bewunderung für BMW Engines wollte man eine Tugend machen und Sportliches nach weiß-blauer Art anbieten. Nachdem es bei Bristol schon während des Krieges Gedanken über eher futuristische Autokonstruktionen gegeben hatte, für die Sir Roy Fedden verantwortlich zeichnete, wollte ein Teil der Firma nach Kriegsende voll ins Autogeschäft einsteigen und sprach sich mit dem ehemaligen BMW Importeur Frazer-Nash ab. Eine Aufteilung in Rennsport-Modelle (Frazer-Nash) und sportliche Tourenwagen (Bristol) war von Bristols Generaldirektor H. J. Aldington (ehedem bei Frazer-Nash) angedacht, und so wurde denn 1946 ein Frazer-Nash-Bristol angekündigt.

Als Reparationsleistungen ließ man sich nicht nur sämtliche Konstruktionspläne aushändigen, man nahm auch gleich den Chefkonstrukteur mit. Fritz Fiedler ging also mehr oder weniger freiwillig nach England, um dort für eine Neuauflage des guten alten Typs 327/8 zu sorgen. Die Karosserie wurde in den Grundzügen übernommen und auch der Motor dieses neuen Typs war ein alter Bekannter. Die Zwei-Liter-Maschine des 328-Sportwagens hatte es den Engländern angetan, und sie zauberten sogar

Sieht aus wie ein BMW 327, fährt wie ein BMW 328 und stammt aus dem Jahre 1949: Der erste Bristol-Wagen vom Typ 400, Englands Anschluss an die bayerische Leistungsfähigkeit.

Der Elva GT 160, ein rassiger Mittelmotor-Renner nach englischem Konzept in Italien mit deutscher Maschine gebaut, 1964. Der BMW Vierzylinder war für 185 PS gut!

noch fünf PS mehr hinein, um dann ihren ersten „eigenen" Wagen als Bristol Typ 400 im Jahr 1947 in Genf vorzustellen. Betrachtet man heute einen dieser frühen Bristols neben seinem Stammvater 327, so sind sofort Design-Verbesserungen auszumachen, die der 30er-Jahre-Hülle die nötige Nachkriegsmodernität verliehen, ohne allzu sehr das klassische BMW Styling zu vernachlässigen. Als Weiterentwicklungen erhielten die Bristol-Sportwagen, allesamt Coupés, dann Schritt für Schritt modernere Hüllen. Speziell unter aerodynamischen Aspekten gestaltet, wurde der Bristol dann das Auto für eine besondere Zielgruppe von arrivierten Sportsmen und zu deren Freude mischte Bristol Cars immer mal wieder im Rennsport mit. Das wiederum führte dann zum Teil zu überaus ungewöhnlichen Aufbauten, die vor lauter angenommener Windschlüpfigkeit hässlich gerieten.

1960 gingen die Bristol-Autowerke als frühes Management-Buy-Out an den damaligen Bristol-Generaldirektor. Als Konsequenz daraus wurden die zuletzt von 2,2-Liter-Maschinen nach klassischem BMW Rezept angetriebenen Autos des Hauses auf Chrysler-V8-Motoren umgestellt und entschwebten damit in eine echte Luxuswagen-Sphäre. Bristol existiert als winzige Firma immer noch, produziert wenige, aber edle Wagen und sorgt durch Restaurationen liebevoll für die alten Produkte des Hauses.

Elva

Auch die 60er-Jahre sahen einen englischen Sportwagen mit BMW Motor: den Elva GT 160, ein ultraflaches und extrem leichtes Sportcoupé. Dieser Wagen, der nur einmal als Prototyp existierte, war bei der italienischen Karosseriefirma Fissore in Savigliano entstanden, wo man seit 1920 im Geschäft war. Gezeichnet hatte ihn im Auftrag des Elva-Gründers Frank Nichols der freiberufliche Autodesigner Trevor F. Fioré. Dieser, ein Engländer, hieß eigentlich ganz banal Trevor Frost, glaubte aber an mehr Erfolg durch sein Pseudonym. Der GT 160 erzeugte mit seinem hypermodernen Styling 1964 erhebliches Aufsehen, wozu die sonstigen Werte erheblich beitrugen: Ein um die 550 Kilogramm wiegendes Auto mit einer Motorisierung von etwa 185 PS aus zwei Litern Hubraum versprach derart aggressive Fahrleistungen, dass eigentlich sofort eine Kleinserie fällig war.

Frank Nichols kleine Firma, 1954 mit der Herstellung eines Specials gestartet, war zwar 1962 von dem kleinen Autohersteller Trojan Ltd. übernommen worden, brachte aber keine Serienproduktion des Mittelmotor-Renners GT 160 in Gang. Eigentlich schade, denn der Münchner Vierzylinder-Motor auf Basis des 2000 hätte mit Sicherheit für Aufsehen erregende Leistungen im Motorsport gebürgt.

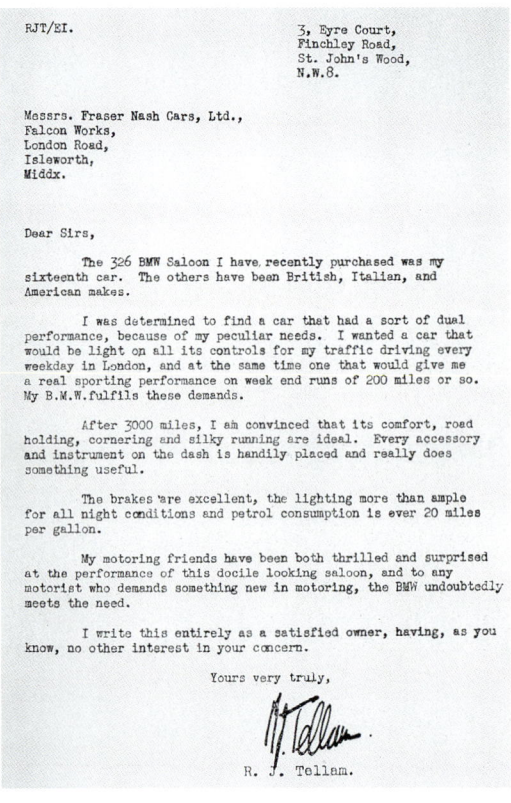

```
RJT/EI.                                    3, Eyre Court,
                                           Finchley Road,
                                           St. John's Wood,
                                           N.W.8.


Messrs. Fraser Nash Cars, Ltd.,
Falcon Works,
London Road,
Isleworth,
Middx.


Dear Sirs,

        The 326 BMW Saloon I have recently purchased was my
sixteenth car.  The others have been British, Italian, and
American makes.

        I was determined to find a car that had a sort of dual
performance, because of my peculiar needs.  I wanted a car that
would be light on all its controls for my traffic driving every
weekday in London, and at the same time one that would give me
a real sporting performance on week end runs of 200 miles or so.
My B.M.W. fulfils these demands.

        After 3000 miles, I am convinced that its comfort, road
holding, cornering and silky running are ideal.  Every accessory
and instrument on the dash is handily placed and really does
something useful.

        The brakes are excellent, the lighting more than ample
for all night conditions and petrol consumption is ever 20 miles
per gallon.

        My motoring friends have been both thrilled and surprised
at the performance of this docile looking saloon, and to any
motorist who demands something new in motoring, the BMW undoubtedly
meets the need.

        I write this entirely as a satisfied owner, having, as you
know, no other interest in your concern.

                        Yours very truly,


                        R. J. Tellam.
```

Frazer-Nash

Captain Archibald Frazer-Nash war der ursprüngliche Namensträger dieses kleinen englischen Herstellers von Rennsportwagen. Markenzeichen der leichten und schnellen Frazer-Nash-Fahrzeuge war ihr Ketten-Antrieb, daher auch der berühmte Spitzname „chain-gang". Ab 1929 von den Aldington-Brothers geleitet, übernahm Frazer-Nash 1935 den Import von BMW Wagen auf die Insel, mit großem Erfolg, wie man Kundenbriefen entnehmen kann.

Zusammen mit Bristol wollte man sich nach dem Zweiten Weltkrieg mittels BMW Blaupausen der Typen 328 und 327 auf den Bau dieser Wagen stützen, wenn auch modifiziert und weiterentwickelt. Baute man bei Bristol zuerst tatsächlich eine Art von 327-Coupé mit 328-Motor, so setzte Frazer-Nash rein auf die 328er-Maschine, die 1947 im Modell „Sports" bei 100 PS Leistung für weit über 100 Meilen Spitze, genauer 175 Stundenkilometer, sorgte. Sahen die ersten Nachkriegstypen noch wie „Specials" nach altertümlicher britischer Rennsport-Tradition aus, so wurden die Wagen der neuen Generation moderner eingekleidet, wobei den meisten ein BMW ähnlicher Kühlergrill gemeinsam war.

Die neuen Sportwagen – mit ihren Rennveranstaltungen nachempfundenen Modellnamen wie Le Mans, Mille Miglia, Targa Florio und Sebring – erhielten ab 1952 die Bristol-Maschine in verschiedenen Tuning-Stufen. Auch die Rahmenkonstruktion mit der Drehstabfederung der Hinterachse basierte auf BMW Konstruktionen. Eine offizielle Zusammenarbeit mit dem Münchner Werk ergab sich ab 1956, als die Engländer den neuen BMW V8-Motor aus dem Typ 502 in verschiedenen Größen in ihre neuen Coupé-Modelle mit dem sinnigen Namen „Continental" einbauten. Das konnte Frazer-Nash aber nicht mehr retten. 1960 schlossen bei der traditionsreichen Sportwagenfirma aus Isleworth in Middlesex die Fabriktore.

McLaren

Der erfolgreiche englische Grand-Prix-Rennfahrer Bruce McLaren gründete 1963 Bruce McLaren Racing zur Vermarktung seines Cooper-Teams. 1964 entstand der erste McLaren-Rennsportwagen, der in kleiner Serie von Trojan gebaut wurde. 1966 dann wurde der erste einer langen Reihe erfolgreicher Monoposti unter dem Kürzel M2B aufgebaut. Nach McLarens Tod 1970 machte sein Team weiter, stieg 1972 von den Sportwagen-Einsätzen auf Monoposti um und errang 1974 sogar die Konstrukteurs-Meisterschaft. 1979 wurde die Firma als McLaren International von Ron Dennis übernommen. 1988 konnte man endlich eine größere Fabrik in Woking errichten, in der auch die 1990 gegründete McLaren Cars beheimatet ist. Dieses Unternehmen hat nur einen Geschäftszweck: Den besten Seriensportwagen der Welt namens McLaren F1 zu bauen, für den nur ein Triebwerk der BMW M GmbH in Frage kommt.

Italienische Sonderkarosserien

Enge Beziehungen in punkto Auto hatte es schon immer zwischen Italien und Deutschland gegeben, ob sich nun BMW eine italienische Lizenz von ISO sicherte, Nardi den Motorrad-Boxermotor einbaute oder diverse Carozzerias auf Basis kompletter Münchner Bodengruppen ihre extravaganten Vorstellungen im Autodesign verwirklichten. Dazu gehörten nicht nur die großen Karosseriefirmen und Stylisten, sondern auch Kleinhersteller wie die des ehemaligen Ferrari-Ingenieurs Giotto Bizzarini. Hatte es bei letzterem doch schon Kontakte zu BMW bei der American Motors/AMXP-Entwicklung gegeben, und von einem BMW befeuerten Einzelstück seines GT Europa statt der sonst üblichen Fiat- und Opel-Motoren wird auch berichtet.

Bertone

1921 baute Giovanni Bertone, Gründer der heutigen Carozzeria Bertone S.p.A., seine erste Auto-Karosserie. Seit 1934 war sein Sohn Giuseppe („Nuccio") Bertone dabei, um Ende der 40er-Jahre die Leitung des stark gewachsenen Familienbetriebs zu übernehmen. Wie alle anderen großen italienischen Karosseriefirmen gab es auch bei Bertone

Kantiges BMW Coupé – ein Vorschlag aus den 70er-Jahren.

Bertones Coupé-Vorschlag aus den 50er-Jahren.

Einzige seiner Art. Dieses Auto verbindet noch heute jeder mit Bertone, dass aber dieses Haus schon immer für BMW Ideenskizzen lieferte, ist weniger bekannt. Auf der vorigen Seite als Beispiel ein Entwurf für einen BMW Zweitürer aus den 50er-Jahren. Prominenter sind da sicher die vielen Studien für Einzelstücke und Vorschläge für Serienfertigungen, wie sie in den 60er- und 70er-Jahren immer wieder vorgestellt wurden, beispielsweise der auf der Messe 1969 in Genf und dann auf der Frankfurter Automobilausstellung präsentierte „Spicup" mit 2800-Technik. „Im Rahmen sehr guter Verbindungen, die Bertone seit jeher mit BMW hat, wollte (man) somit einer der angesehensten Mechaniken huldigen", wie der damalige Pressetext etwas verkünstelt mitteilt. Grundidee war es, einen Sportwagen mit Überrollbügel zu bauen, dessen Sicherheitseinrichtung stilistisch dazu benutzt wurde, um aus einem offenen Auto schnell ein Coupé machen zu können.

Das Problem bei der Umrüstung von „offen" auf „geschlossen" hieß normalerweise „anhalten"; außerdem war es immer schwierig, das Dachteil organisch im Auto unterzubringen. Bertone löste das Problem durch übereinander

Hier mit Niere zu sehen: BMW 2800 „Spicup" als Coupé.

Garmisch: Auch die Heckpartie zeigt schon typische BMW Anklänge.

gute Kontakte zu dem Münchner Autohersteller. Bekannt wurde „Der Bertone", ein luxuriöses Coupé in klassischer Linienführung auf Basis der BMW 3200 S-Mechanik, gestaltet von dem jungen Giorgietto Giugiaro.

Damit aber der Großaktionär Quandt nicht in einem Serienwagen herumfahren musste, zauberten ihm die Turiner Fachleute aus ihrem eigenen Coupé ein Cabriolet, das verschiebbare Platten, die sich automatisch in den getarnten „Roll-bar" begeben. Somit wurde 1969 eine, wie von Bertone nicht anders zu erwarten, äußerst attraktive Lösung für einen äußerst attraktiven Wagen gezeigt. Das ganze Fahrzeug hätte gut einen neuen BMW Roadster abgeben können. Auch die Innenausstattung war bis auf den Instrumententräger aus dem Typ 2800 völlig neu und gemäßigt modern gehalten. Der Name „Spicup" entstand also aus Spider und Coupé.

Im folgenden Jahr, 1970, wurde dann der BMW 2002 ti zu einem Coupé nach Turiner Geschmack umgebaut. Radstand und Spurweite wurden hier nicht geändert, wie auch die Außenmaße moderat blieben. Dieser als „Garmisch" bezeichnete Viersitzer in klarer Linienführung trug als Erkennungsmarke ein sechseckiges Bienenwabenmotiv, das sich sowohl in der BMW Doppelniere fand als auch im Sonnenschutz des Heckfensters wiederkehrte. Die Konzeption dieses Coupés als bequemer Reisewagen spiegelte sich in vielen Details wider, im Kofferraumvolumen und auch in der durchdachten Ausstattung des Armaturenbretts. Hier hatten die italienischen Designer geschickt aus dem üblichen Handschuhfach einen großen Ablagekasten entwickelt, den man ausgezogen sogar als Schreibfläche benutzen konnte – umgeklappt wurde dann ein Spiegel daraus. Die Vorderfront mit den vier nebeneinander liegenden Scheinwerfern erhielt ihren Akzent durch das stilisierte BMW Motiv. Alles in allem war hier ein überaus klar gezeichneter Wagen gelungen.

Frua

Pietro Frua, Techniker und Stylist zugleich, hatte wie in der Branche üblich sein Handwerk von der Pike auf gelernt. In seinen Anfangsjahren hatte er bei verschiedenen Turiner Karosseriefirmen gearbeitet, unter anderem bei der Mutter aller italienischen Karossiers, der Stabilimenti Farina. Dort war er wohl primär als Karosseriekonstrukteur tätig und blieb fast zehn Jahre, von 1928 bis 1937. Seit 1944 besaß er

Ein früher Frua: Das Glas-BMW Coupé mit dem auf drei Liter vergrößerten V8-Motor, hier auf der Frankfurter IAA 1967 gezeigt.

Und noch ein Frua – wieder ein Coupé, aber welche Linie!

Das Coupé auf BMW 2002 ti-Unterbau, 1969 auf dem Pariser Salon vorgestellt.

Die „E 12 berlina" von hinten. Die Konturen des ersten 520 zeichnen sich schon ab.

Coupé (1951), dem nach einem Peugeot 203 Fließheckcoupé das Ermini 1300 Coupé (1954) folgte. 1958 trat Frua in Deutschland mit seiner spektakulären Coupé-Entwicklung auf Lloyd-Alexander-Unterbau in Erscheinung. Im folgenden Jahr folgte ein Lloyd-Arabella-Coupé. 1959 zeichnete er auch für Maserati, Volvo (P 1800) und Renault (Floride). 1960 sah man einen bei der kurzlebigen Genfer Firma Italsuisse (Fruas Herstellerverbindung) gebauten Ponton-Volkswagen auf dem Genfer Salon, während 1961 neben einem Aufsehen erregenden Studebaker-Coupé, dem Maserati 3500 GT sowie dem Citroen DS 19 Coupé der Hansa 1300-Prototyp für den Bremer Borgward-Konzern entstand. Auf Fiat-Unterbau wurde im selben Jahr ein Giannini 850, Produkt einer der vielen italienischen Kleinserienhersteller, vorgestellt.

1963 erfolgte die Vorstellung des Glas 1500 (später 1700), später kam noch das glücklose 2,6-Liter-V8-Coupé („Glaserati") im typischen Stil des Hauses dazu, das zuletzt noch unter dem BMW Zeichen angeboten wurde. Als Glas-BMW 3000 lancierte der Meister außerdem noch ein eigenes Coupé, das er 1967 auf der Frankfurter IAA ausstellte. Auch das Glas 1300/1700 Coupé/Cabriolet stammte von Frua.

1964 gab es so unterschiedliche Konzepte wie einen Lotus Elan SS, einen Glas „Ranch" auf Basis des kleinen Isar-700-Modells und ein Cabriolet auf Grundlage des Opel Kadetts. 1966 stellte das Studio Frua außer einer Jaguar-E-Frontgestaltung einen AC 427 als Convertible aus, dem zwei Jahre später das AC 428 Fastback Coupé aus der Hand des Meisters folgen sollte. 1967 begann der Kontakt zu Peter Monteverdi in Basel, dessen eigener Entwurf, High Speed 375 S, bei Frua gebaut werden sollte. Für Monteverdi fertigte Frua auch noch einen Typ 2000 (später 2000 GTI) an, dessen Unterbau vom BMW 2000 herrührte, das war anno 1968, in welchem Jahr auch noch ein spezieller Chevrolet Camaro entstand.

1969 stellte Pietro Frua ein BMW Coupé mit Fahrwerk 2002 ti und Motorteilen vom 2500 auf dem Pariser Salon vor. Auch aus dem BMW Coupé 2800 CS machte er ein Aufsehen erregendes Schaustück, und besonders modernistisch geriet sein „Coupé Speciale Frua" für den 3,0 CSI mit einer Turbo-ähnlichen Frontpartie (1972 vorgestellt). Außerdem steuerte Frua, ähnlich wie Bertone, Entwürfe für die BMW 5er-Reihe bei. Pietro Frua, einer der wirklich großen italienischen Carossiers, starb 1983.

eine eigene kleine, eher handwerklich ausgelegte Karosseriefirma in Borgo San Pietro bei Turin, in der er sowohl Entwürfe als auch Konstruktionen auf italienischen wie ausländischen Chassis lieferte. Entwickelt (und gebaut) wurden Einzelstücke und Kleinserienfahrzeuge. Diese Carozzeria Pietro Frua führte er bis 1958.

In diesem Jahr wurde sie von Ghia übernommen und Frua konzentrierte sich in der Folgezeit auf sein kleines Entwicklungsbüro namens Studio Tecnico Pietro Frua unter gleicher Adresse. In diesem Metier wurde er schnell einer der ersten unabhängigen Berater für Serienmodelle großer Firmen. Eine der ersten Arbeiten war ein Osca-

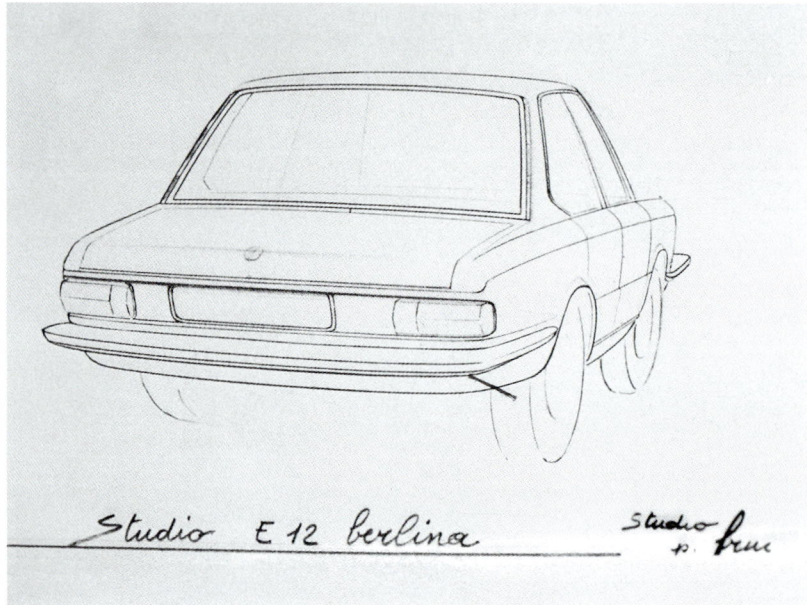

Studio E 12 berlina

studio p. frua

Ghia

Giacinto Ghia, 1887 in Turin geboren und selbst aus dem Kutschenbauerfach stammend, gründete mit einem Partner im Jahr 1915 einen Karosseriebetrieb, aus dem sich nach mehrfachem Wechsel der Teilhaber eine größere Firma entwickelte.

Bedeutende Stylisten arbeiteten im Laufe der Jahre für sie, so in den 20er-Jahren Graf Revelli de Beaumont, später Giovanni Savonuzzi, Giorgietto Giugiaro oder Tom Tjaarda. Hergestellt wurden insbesondere Luxus- und Sportkarosserien, beispielsweise auf Isotta-Fraschini, Alfa-Romeo und Chrysler. Man arbeitete aber nach ersten Aufbauten für Diatto, Itala und anderem auch für Fiat und Lancia. Nach der Kriegszerstörung 1944 hatte es der jetzige Rüstungsbetrieb, der auch Fahrräder herstellen musste, schwer, wieder auf die Beine zu kommen. Unter Felice

Boano als neuem Inhaber wurde Luigi Segre eingestellt, der das bekannte Karmann-Ghia-Coupé initiierte und 1953 neuer Inhaber wurde. Bei Ghia wurden auch Spezialkarosserien für andere deutsche Wagen entworfen, die bis heute den Design-interessierten Autoliebhaber überraschen, so gab es nicht nur ganz besondere Mercedes-300-Versionen oder stilistisch auffallende Volkswagen-Vans, sondern auch BMW Cabriolets, von denen wir hier einen Gestaltungsvorschlag zeigen können. Eine Verbindung zu Chrysler führte später zu bedeutenden Einzelstücken, aber auch zu einem engen Kontakt mit der Designer-Familie Exner aus den USA. Nach weiteren Besitzerwechseln übernahm Ford einen Großteil der Firmenanteile, um 1973 Ghia komplett zu übernehmen.

Ghia arbeitete fortan wie ein ausgelagertes Advance-Design-Studio für Ford und präsentierte Concept Cars

Ghia gibt Gas: Wirklich attraktiver BMW Roadster als plastisch perfekt dargestelltes Rendering.

und Prototypen; außerdem führte Ford eine Ghia-Linie als luxuriöse Ausstattungsvariante bei seinen Serienwagen ein. 2002 ließ Ford einen Großteil der Prototypen versteigern und schloss noch im selben Jahr den Betrieb.

Giorgetto Giugiaro/Ital Design

Die enge Beziehung der Münchner Macher zu den italienischen Formgestaltern zeigt sich auch bei Giugiaro und seinen aktuellen Arbeiten auf BMW.

Der 1938 geborene Giugiaro, aus einer künstlerischen Familie stammend, machte schnell Karriere, schon mit siebzehn arbeitete er bei Fiat im Styling, um 1959 zur Carrozzeria Bertone zu wechseln. In dieser Zeit entstand neben Entwürfen für Maserati, Ferrari und Aston-Martin auch ein rassiges, Ferrari-ähnliches BMW Coupé, wenn auch nur als Rendering auf dem Papier. Realität wurden dagegen Serienfahrzeuge von Alfa-Romeo und Fiat. 1962 wuchs der BMW 3200 CS heran, ein klassisches Coupé in voluminöser, aber zeittypisch klarer Linie der 60er-Jahre. 1965 wechselte Giugiaro zu Ghia, wo er den Maserati Ghibli und Mangusta vorstellte. Zusammen mit Aldo Mantovani und Luciano Bosio, beides langbewährte Fachleute aus der Autoindustrie, gründete er drei Jahre darauf sein eigenes Studio namens Italdesign, das 1974 als modernes Design-Center in Moncalieri eröffnet wurde. Hier wird nicht nur Styling angeboten, sondern ein komplexes Dienstleistungs-Paket für die Autoindustrie, das von Vorentwicklung über eigentliches Design plus Modellbau und Prototypen-Konstruktion nebst Fertigung, vom Engineering bis zum Programm-Management reicht. Entsprechend groß wie dieser Leistungsbereich ist auch die Anzahl von produzierten Entwürfen: An die achtzig Typen sind es bis heute geworden, davon gut vierzig für die Serienproduktion. Dazu gehören auch Nutzfahrzeuge aller Art. Die Liste seiner bekannten Großserienwagen liest sich wie ein „Who's Who?" der internationalen Autoindustrie, am bekanntesten vielleicht die erste VW Golf Generation.

C2 Spider: Präsentation in Monte Carlo

Als dritte Version der Nazca-Reihe entwickelte Ital Design die offene Ausführung dieses Wagens namens C2 Spider. Dieser erhielt den verstärkten BMW Zwölfzylinder, wie er im 850 CSi zu finden ist, mit 380 PS aus 5,6 Litern. Kleinere Design-Modifikationen und ein Sechsgang-ZF-Getriebe waren die wesentlichen Änderungen dieses Wagens, der über 320 km/h schnell ist und auf seinen hinten 13 Zoll breiten Spezialreifen von Goodyear nur noch 3,6 Sekunden für den Spurt auf Tempo 100 benötigt. Stilgerecht erfolgte seine Präsentation während des 51. Grand Prix von Monte Carlo, wo die passende Zielgruppe Gelegenheit hatte, den Wagen während der Rennpausen auf der Rundstrecke zu testen.

Offen, elegant und 320 Stundenkilometer schnell: C2 Spider

Frühe Industriedesign-Aufträge führen zu einer Tochterfirma (Giugiaro Design), die sich mit Industriedesign, Grafik- und Verpackungs-Design, Architektur, Stadtentwicklung und, last but not least, auch mit der Mode beschäftigt. Einer der Industriedesign-Entwürfe von Giugiaro half mit, die vielen Reproduktionen dieses Buches zu produzieren: die Nikon F3, 1976 vom Meister gestaltet.

1978 zeichnete Giugiaro den Klassiker BMW M1, der dann bei Baur in Stuttgart gefertigt wurde. Zwischen 1991 und 1993 finden wir wieder überaus sportliche Fahrzeuge mit der BMW Niere auf seinem Ausstellungsstand: Die Nazca-Coupés und -Spider in modernster Linienführung, gepaart mit dem potenten Zwölfzylinder-Triebwerk als Verkörperung des ultimativen Straßenrenners. Dieser von Fabrizio Giugiaro initiierte und von seinem Vater ins Leben gerufene Hochgeschwindigkeits-GT namens Nazca M12 nutzt Formel-1-Technologie. Er war weniger als reine Studie gedacht, denn eine spätere Kleinserienfertigung stand von vornherein im Lastenheft.

Was würde zu einem solchen Konzept besser passen als die bewährten mechanischen Komponenten vom ohnehin hochleistungsfähigen BMW 850i-Coupé? Auch Serienteile des neuen 3er-BMW finden sich in diesem Flügeltürer mit seiner puren Funktionslinie. Die Bodengruppe und der Aufbau bestehen wie im Rennsport aus Kohlefaser be-

plankt mit Aluteilen, so dass nur 1.100 Kilogramm Gesamtgewicht erreicht werden. Ein sensationell niedriger c_w-Wert von nur 0,29 ergänzt das progressive Konzept.

Zu diesem 1991 in Turin vorgestellten Wagen gesellte sich als noch leistungsfähigere Sportversion der Nazca C2, dem durch eine BMW Alpina-Maschine von 350 PS Leistung und reduziertes Gewicht echte Rennsportfähigkeiten in der Gruppe C mitgegeben wurden.

Michelotti

Giovanni Michelotti und BMW – das ist die Geschichte einer innigen Verbindung. Schon zu Zeiten des 501 gab es beste Kontakte zu dem 1921 in Turin geborenen Designer,

Giovanni Michelotti zauberte diese Fastback-Skizze: So schön kann ein Rücken sein!

der seine wenigen Lehrjahre bei der Stabilimenti Farina absolvierte. Seine ersten Design Vorschläge in der Tasche machte er sich 1949, also im zarten Alter von 28 Jahren, selbstständig. Zu dieser Zeit soll er schon einen Alternativ-Vorschlag für den 501 in Form eines Modells angefertigt haben, der aber nicht zu einem Prototyp führte, wohingegen sein Lehrmeister Battista Pininfarina für BMW immerhin einen Prototyp bauen durfte.

Fast alle namhaften italienischen Karossiers arbeiteten nach seine Entwürfen, so Allemano, Ghia, Vignale und

Die 2000er-Limousine. Die ganze „Neue Linie" bei BMW ab 1961 stammt in den Grundzügen aus der professionellen Hand von Michelotti, verfeinert von Karosserie-Chef Hofmeister.

Bertone. Erst um 1960 konstruierte Michelotti (seit 1951 offiziell Studio Michelotti) komplette Autos. Neben dem Auto als Design-Objekt, entwarf er ebenso Motoryachten und sogar elektrische Haushaltsgeräte. Mit BMW war er jahrzehntelang durch einen Beratervertrag verbunden und viele Produkte des bayerischen Automobilherstellers begannen ihre Laufbahn auf seinen Reißbrettern, oft Grundlage für Designentscheidungen und -verfeinerungen durch den Münchner Stylistik-Chef Wilhelm Hofmeister. Beim BMW 700 war es so, ebenso lieferte er auch für den 1500 Anregungen, und auch spätere Weiterentwicklungen der „Neuen Klasse" bekamen gestalterische Unterstützung aus dem Turiner Hause. Leute, die ihn erlebt haben, schildern bewundernd seine sofort mit leichter Hand hingeworfenen Skizzen.

Er entwarf und baute aber auch wie seine Turiner Kollegen BMW Einzelstücke für Kunden und als Anregung für das Münchner Haus, ein Beispiel ist ein Fastback-Coupé auf Basis des BMW 1800, das später von einem indischen Botschafter gefahren wurde. Vor kurzem tauchte diese Michelotti-Sonderkarosserie wieder auf. Giovanni Michelotti, dem BMW so viel verdankt, starb 1980.

Pininfarina

Sogar der bekannteste italienische Karosseriekünstler hat für BMW gearbeitet: Obwohl die Entwicklung für Szymanowskis 501-Typ schon weit fortgeschritten war, schaltete Hanns Grewenig noch Pininfarina ein. Angeblich hat dem kaufmännischen Direktor die barocke Sinnenlust der üppigen 501-Formen nicht geschmeckt. Jedenfalls hat der Turiner Meister um 1950 eine moderne Reiselimousine geschaffen, die das Nachkriegsbild der BMW in moderner Richtung hätte prägen können. Vielleicht wären damit auch Verkaufszahlen möglich gewesen, von denen man später nur träumen konnte, wer weiß? Dass mit diesem Ponton-Entwurf schon ein Nachfolger aus Italien parat gestellt worden wäre, dürfte reine Spekulation sein, warum hätten sonst Szymanowski und sein Team schon kurz darauf ein Coupé entworfen? Sicher ist nur, dass erst ein Modell, vorher wohl Entwurfszeichnungen, aus Italien gekommen waren, bevor man dort einen fahrfähigen Prototypen bestellt und dann nicht abgenommen hat. Was eigentlich auch nicht so ganz stimmt, denn dieses Auto

wurde zwar nicht in Serie gefertigt, aber gefahren wurde es schon. Was man schon bezahlt hat, will man auch nutzen, wird man sich bei BMW gedacht haben. Also verblieb der Wagen im Milbertshofener Werk, und bei dem eklatanten Mangel an Dienstwagen in den frühen Jahren wurde er folglich gefahren. Der Herr hinter dem Steuer auf dem Bild ist Dr. Suppe, der Chef des Elektroversuchs. Er durfte sich mit dem teuren „One-off" dienstlich auf öffentlichen Straßen bewegen, denn Pragmatiker sind sie ja schon gewesen, die Münchner. Wie sich ältere BMW Mitarbeiter erinnern, wurde der Wagen tatsächlich noch längere Zeit von Dr. Suppe und später wohl auch von anderen Herren gefahren, dann hörte man nichts mehr von ihm. Welch verborgener Schrottplatz mag diese edlen Reste aufgenommen haben?

Bekannt ist aber, dass Pininfarina den gelungenen Wagenkörper zum Anlass genommen hat, mit Alfa-Romeo in Verbindung zu treten. Und dort erschien bald darauf eine 1900er-Limousine mit ähnlichen Zügen wie der Turiner 501.

Der 501 im italienischen Gewand – von Pininfarina im BMW Auftrag um 1950 geschneidert.

Sonderkarosserien Frankreich und USA

Frankreichs Automobilindustrie besaß mit diversen Edelmarken durchaus genügend Potential für exzellente Sonderkarosserien. Hispano-Suiza, Delahaye, Delage, Talbot/Talbot-Lago, Hotchkiss, Salmson waren einige der heute vergessenen Spitzenmarken, von Bugatti ganz zu schweigen.

Das Jahr 1954 brachte den meisten dieser eigentlich unrentablen Betriebe, die oft realiter von Rüstung, Nutzfahrzeugen oder Flugmotoren lebten, den Gnadenstoß. Erhalten blieb nur Hispano-Suiza, die Firma, die 1963 aus Sentiment den Bugatti-Stammsitz in Molsheim übernahm, wegen des schon immer gepflegten Waffengeschäftes heutzutage in staatlichen französischen Rüstungskonzernen aufgegangen ist.

In den USA sah das anders aus. Nachdem der Großteil der Karosseriebetriebe schon in den 30er-Jahren von den großen Herstellern integriert oder besser absorbiert wurde, standen nur noch wenige unabhängige Betriebe für die Anfertigung von Einzelstücken oder den Umbau von Serienwagen zur Verfügung.

Talbot-Lago, Frankreich

Wenn ein englischer Chef italienischer Abstammung einer englisch-französischen Autofirma einen Wagen für den amerikanischen Markt mit deutschem Motor entwickelt, dann kann das nur ein ganz besonderer Wagen werden. Und so war es auch, als anno 1957 Antonio Lago das Programm seiner französischen Luxusmarke Talbot-Lago um einen neuen Sportwagen erweiterte. Dieses Meisterstück des Renn-besessenen Italieners war der letzte Rettungsanker für die angeschlagene Marke und sollte vor allem amerikanische Käufer locken.

Der amerikanische Markt nahm auch gerne und dankend sportliche Europäer auf, wenn diese Wagen die richtige Mixtur aus Preis und Leistung boten. Die alteingesessene Marke aus Suresnes an der Seine kämpfte in der Nachkriegszeit nicht zuletzt dank der französischen Luxussteuer auf höherwertige Autos ums Überleben. 1955 ließ Lago einen klassischen Rohrrahmen mit blattgefederter Underslung-Starrachse hinten plus Einzelradfederung vorne entwerfen, dazu kam ein typischer Talbot-Motor nach Vorkriegsart mit zwei obenliegenden Nockenwellen. Dieser Vierzylinder sollte aus nur 2,5 Litern Hubraum bei 5.000 Touren 120 PS schöpfen und war für das neue „kleine" Sportcoupé gedacht. Dieser neue Talbot-Motor lief aber recht rau, verglichen mit den kultivierten großen Sechszylindermotoren des Hauses und seine Leistung war unbefriedigend.

Die Antwort hieß BMW, wo man den neuen 2,6-Liter-V8-Motor parat hatte. Dieses Aggregat musste allerdings der Luxussteuer wegen im Hubraum auf unter 2,5 Liter reduziert werden, kam aber dennoch durch Feinarbeiten wie zwei neugestaltete Auspuffkrümmer auf 125 PS Leistung. Dieser Motor nebst dem BMW Getriebe von ZF wurde dann dem neuen kleinen Talbot-Logo implantiert, und Antonio Lago schöpfte wieder Hoffnung. 1957 wurde der neue Wagen als Typ „America" den Motorjournalisten präsentiert, und zum erstenmal sah man bei Talbot einen Wagen mit Linkslenkung, zweifelsohne ein Zugeständnis an den erhofften Kundenkreis. Zwei große BMW Rundinstrumente gaben einen (erwünschten) Hauch von BMW 507 und die rassige Karosserielinie des Stylisten Carlo Delaisse vervollständigte die sportliche Erscheinung. Der halb konservative Wagen mit klassischem Kühlergrill erhielt eine Dachpartie aus GFK, damals ultramodern, die Heckscheibe bestand aus Plexiglas. All das

Das Aus für Talbot-Lago

1959 war Schluss: Talbot-Lago ging komplett in die Hände von Simca über, wobei testhalber der Ford-V8-Motor aus der Simca Vedette noch in einige „America"-Coupés eingebaut wurde. Damit verschwand wieder eine der großen französischen Marken, wie vorher schon Bugatti, Delage, Delahaye, Hotchkiss und Hispano-Suiza.

drückte das Gesamtgewicht auf unter eine Tonne, schließlich wollte Monsieur Antoine Lago das neue Auto auch nach Art des Hauses im Rennsport einsetzen. Schalenartige Rennsitze, Türen ohne Innenverkleidung mit seitlichen Schiebefenstern, dazu eine auch sonst spartanische Innenausstattung, nur akzentuiert durch das klassische Talbot-Vierspeichen-Lenkrad aus Blattfedern: überdeutlich war die Rennsportvergangenheit des Hauses ersichtlich. Insgesamt nur zwölf Fahrzeuge wurden von der alten Karosseriefirma Letourneur et Marchand fertiggestellt! Vier weitere komplette Fahrgestelle blieben nach 1959 übrig.

ASC, USA

ASC als amerikanischer Karosserie- und Entwicklungsbetrieb hat – wie so viele US-Spezialisten – deutsche Wurzeln. 1965 begann Heinz Prechter, damals 23 Jahre jung, in seiner Garage in Los Angeles mit dem Bau und dem Einbau von Schiebedächern – damals in den USA ein fast unbekanntes Produkt. Prechter, ein gelernter Karosseriebauer, war 1963 als Austauschstudent in die USA gegangen,

hatte diese Marktlücke entdeckt und sich mit wenig Mitteln und Material, zum Beispiel einer alten Tür als Arbeitsplatte und einer vom Müll geretteten Nähmaschine, selbstständig gemacht.

Es sollte die typische Story vom erfolgreichen Self-made-Unternehmer folgen. Schon zwei Jahre später siedelte er seinen Betrieb namens American Sunroof Company in Detroit an, in unmittelbarer Nähe der großen Automobilhersteller. Das Geschäft florierte so gut, dass er neben der Direktbelieferung seiner Autokunden mit Schiebedächern sein Programm erweiterte: ASC baute Show-Cars, und diverse Zubehör-Produkte sorgten für ein ständiges Einkommen. Das Unternehmen als Vordenker in Sachen Cabriolets wurde schnell von der damals noch vielfältigen amerikanischen Autoindustrie mit Aufträgen bedacht, so meldeten sich American Motors, Avanti, Buick, Cadillac und Chevrolet. Selbst Toyota nutzte die Entwicklungskapazität von ASC. Einzelstücke wie die schönen BMW Cabriolets entstanden allerdings auf eigene Rechnung in Kleinserie und wurden nur in den USA vertrieben.

Amerika, du hast es besser: Leider gab es damals ab Werk nie ein 6er-Cabrio. Zumindest in den USA ließ sich der Mangel beheben.
ASC bot 1987 auf Basis des 6er-Coupés (E 24) einen sehr soliden und hochwertigen Umbau an.

Aus dem ursprünglichen Ein-Mann-Betrieb, der heutzutage unter Leitung von Christian Prechter als ASC Westcoast mit dem alten Lieferprogramm nach wie vor besteht, diversifizierte sich schnell unter Heinz Prechters unternehmerischer Leitung eine Gruppe von Unternehmen, die er schließlich 1997 als Prechter Holdings zusammenfasste. Dazu gehörte die Heritage Network Inc. und eine Immobilien-Entwicklungsfirma, und aus der American Sunroof Company entstand die in Southgate, Michigan, etablierte American Specialty Cars, ebenfalls ASC abgekürzt, mit immerhin 1.000 Mitarbeitern, vier Designcentern und drei Konstruktionsstandorten.

Heinz Prechter selber, obwohl als äußerst erfolgreicher Geschäftsmann und enger Freund vom US-Präsidenten sogar zum Unternehmer des Jahres gewählt, starb 2001 durch Freitod. Er litt lebenslang an schweren Depressionen. 2004 wurde er für sein Lebenswerk nachträglich ausgezeichnet und in die Automotive Hall of Fame aufgenommen, eine der größten Ehrungen in diesem Business für einen „gebürtigen Ausländer".

Der Loewy-BMW, USA

Kaum hatte der neue BMW 507 Touring Sport sein Debüt auf der Automobilausstellung 1955 gegeben, drängelten sich schon die amerikanischen Käufer vor dem Büro von Maxie Hoffman, der ja bekanntlich die Anregung zur Entwicklung des Wagens gegeben hatte. Soweit die Legende. Einer der wenigen Amerikaner, der tatsächlich einen 507 erstand, war Raymond Loewy, der bekannte Industrie-Designer. Wie er später schrieb, hatte ihm dieses Fahrzeug im sportlichen Handling durchaus zugesagt. Die attraktive Karosserieform durfte aber nicht bleiben. Der Grund war höchst einfach: Entworfen hatte die Karosserie des 507 der deutsch-amerikanische Industriedesigner Graf Goertz, der

Die Frontansicht dieses modernistischen Entwurfs zeigt völlig andere Design-Dimensionen als aus München-Milbertshofen geläufig – niemand würde unter dieser Kunststoff-Hülle einen 507 vermuten.

eine Zeitlang für Loewy-Automobildesign gearbeitet hatte. Die beiden schieden nicht friedlich auseinander: Goertz solle eine reiche Frau heiraten, aus ihm werde nie ein Designer, waren die Abschiedsworte von Loewy.

Also lag es nahe, seinem Schüler zu zeigen, wie so ein sportliches Fahrzeug wirklich auszusehen hätte. Loewy erwarb 1957 einen 507, um ihn sogleich mit auf sein Landgut La Cense in Frankreich zu nehmen. In der Nähe hatte er eine kleine Karosserie-Werkstatt entdeckt, nämlich die der Herren Pichon und Parat. Der Meister selbst entwarf eine Coupé-Karosserie modernsten Zuschnitts, um mit den fertigen Zeichnungen sogleich zu den Karosseriebauern zu eilen. Und diese zauberten auf das BMW Chassis einen Aufbau mit skulpturalen Linien, der heute noch absolut modern aussieht. Neben einer riesigen Heckscheibe für das Fastback gab es Doppel- und Viereckscheinwerfer zugleich, was in Europa erst in den 60er-Jahren bekannt wurde. Die beiden Auspuffrohre mündeten in die Heck-Stoßfänger, wobei Stoßfänger im Sinne des Wortes gemeint war. Diese rudimentären Stoßstangen waren tatsächlich federnd angeordnet, damit kleine Auffahr- und

Parkschäden gar nicht erst auftraten. Die Idee von Auspuffrohren in den Stoßstangen-Hörnern finden wir auch bei Porsche-Wagen der damaligen Zeit. Der zweisitzige Wagen mit einem riesigen Tank-Schnellverschluss führte das Reserverad offen unter der Panoramascheibe liegend mit sich, um seine Sportlichkeit zu verdeutlichen. Loewy ließ den fertigen Wagen in Weiß lackieren, was die originelle Formgestaltung noch besser zur Geltung brachte. Bei heutiger Betrachtung des Wagens fühlt man sich ein klein wenig an einen Vorläufer des Studebaker Avanti erinnert, nicht an einen BMW. Raymond Loewy übergab die Schlüssel des Wagens später dem Los Angeles Museum of Natural History, wo man ihn noch heute bewundern kann. Angegliedert an dieses Museum ist eine große Automobilabteilung, die im Juni 1994 zum eigenständigen „The Petersen Automotive Museum" wurde.

Dieser Loewy-Spezial (1957) zeigt viele Design-Features, die den Wagen zeitlos erscheinen lassen. Hier ist die Heckscheibe zur besseren Frischluft-Versorgung entfernt.

Die Wendler-Stromlinien-
Coupés der Nachkriegszeit
basierten auf Vorkriegs-Chas-
sis der großen Sechszylinder-
Typen 335. Einer dieser Wagen
residierte für lange Jahre in
den USA, um dann eine BMW
Kollektion in Japan zu krönen.

Der klassische 328-Sport-
wagen, hier von den
Vereinigten Werkstätten zum
komfortablen Cabriolet
umgebaut. Vermutlich wurden
zwei Stück angefertigt, einer
hat überlebt.

Der BMW 2800 „Spicup"
von Bertone.

Das Interieur des „Spicup"sah
vergleichsweise moderat aus.

Agressiv-eckig, kantig
und verspoilert:
Paolo Martin hat hier
die Spitzigkeit des
70er-Jahre-Designs
überpointiert.

In agressivem Rot
kommt dieser sportliche
Limousinen-Entwurf
von Giovanni Michelotti noch
besser raus!

Vater und Sohn fahren die-
selbe Marke: Franco Sbarros
328-Replik für kleine und
große Sportfahrer.

Michelottis Entwürfe haben
bis heute nichts von
ihrer Klasse verloren.

B.M.W. 600
4 posti

Kapitel 4

BMW im Rennsport

Sportlichkeit ab Werk

Dank einer intelligenten Konstruktion war
die Freude am Siegen schon eingebaut.
Entwicklung und Design gingen einträchtig
Hand in Hand. Rennstrecken-Erfolge,
Rekorde und Rallye-Siege sprechen seit Jahr-
zehnten eine deutliche Sprache

Die frühen Rennwagen von BMW

Die großen Erfolge des 1934 vorgestellten BMW 315/1, des folgenden 319/1 und des 328 verschafften BMW in Sportfahrerkreisen eine erstklassige Reputation. Nachdem sich diese Fahrzeuge durch ihr Leichtbaukonzept – verbunden mit drehfreudigen Motoren und modernem Fahrwerk – die Gunst vieler Fans erobert hatten, dachten viele halbprofessionelle Fahrer daran, aus ihrem Standardwagen ein konkurrenzfähiges Wettbewerbsprodukt zu machen. Dazu bedurfte es primär des Motorentunings und der Karosserieveränderung zur Luftwiderstandsverbesserung.

Entsprechend dieses simplen Rezepts wurden damals viele Neuwagen in Rennfahrzeuge verwandelt, ähnlich wie dasselbe nach dem Zweiten Weltkrieg passierte – übrigens mit den gleichen Autos! Die Konkurrenz bildeten damals allenfalls ausländische Wagen wie MG, Fiat und Morgan, nachdem beispielsweise der Wanderer W 25 K trotz seiner etwas leistungsstärkeren Kompressormaschine die Erwartungen nicht erfüllte und sang- und klanglos wieder verschwand – im Gegensatz zu den zahlreichen BMW Derivaten. In München posierte beispielsweise ein gewisser Eugen Stößer vor seinem 1934er BMW Renner, der laut der damaligen Zeitungsmeldung mit äußerst geringem Gewicht und rekordverdächtigen 100 PS Motorleistung beeindruckte. Von Rennsiegen wurde nichts vermeldet…

Ein typischer BMW Umbau war der Komossa, 1939 aufgetaucht, stilistisch ein Vorläufer der nach dem Krieg bekannten Scampolo-Rennwagen. Auch der Rennwagen des bekannten Privatfahrers Neumaier (1937) fällt in diese Kategorie. Professioneller wird es da schon bei dem 315/1 des Rennfahrers Ralph Roese, über dessen Entwicklung in

Materialnotstand

Nach dem Zweiten Weltkrieg wurden für Autorennen überwiegend verschlissene 328er-Typen aufgepäppelt. Waren vor dem Krieg Materialprobleme kein Thema, so gab es danach (noch) keine neuen rennfertigen Fahrzeuge, also wurden die noch vorhandenen 328er-Sportwagen getunt, erleichtert und renntauglich gemacht. Das hieß natürlich auch, dass altes und verschlissenes Material mit dem ganzen damit verbundenen Risiko wieder zum Einsatz kam, denn die ersten 328er wurden schon 1936 ausgeliefert. Wie das Foto zeigt, wurde auch ein ehemaliger Mille-Miglia-Werkswagen nach dem Krieg wieder eingesetzt. Hier wartet er in den Veritas-Hallen auf eine „Totaloperation".

Werkswagen, darunter ein Kamm-Coupé, machen eine Rast bei der Alpen-Überquerung für die Mille Miglia 1939. Eine seltene, frühe Farbaufnahme!

der Presse ausführlich berichtet wurde. Roese hatte sich 1936 an das Autohaus Müller in Düsseldorf gewandt, um seinen alten 315/1 in folgenden Punkten zu einem richtigen Rennwagen umbauen zu lassen: Vorderteil der Karosserie umbauen, Motor überarbeiten, Chassis und Lenkung verbessern. Die 750 Kilogramm des Wagens mit Werkskarosserie sollten abgespeckt werden, was auch gelang: Mittels diverser Durchbohrungen wurde das Chassis erleichtert, den Rest besorgte eine neue Leichtmetallkarosserie nebst Unterschutz, die das Heckteil der Karosserie im Wesentlichen unverändert ließ. Diese Maßnahmen brachten letztlich ein rennfertiges Gesamtgewicht von 380 Kilo. Nach der Tieferlegung des Fahrgestells kam der Motor dran, der ausgeweidet und durch angefertigte und zugekaufte Spezialteile total erneuert wurde.

Wie üblich wurden Ein- und Auslasskanäle auf Hochglanz poliert und die Verdichtung stieg auf 1:11, damals nur mit einer Rennsprit-Mischung aus vierzig Prozent Benzin, vierzig Prozent Benzol und zwanzig Prozent Alkohol zu fahren. Drei Spezialvergaser sowie ein Ölkühler komplettierten das BMW Tuning. Nach intensiven Prüfstands-Arbeiten standen genau 136 PS bei 9.000 Touren an, eben das, was sich Ralph Roese vorgestellt hatte. Die neue Leichtmetallkarosserie in Monoposto-Form besaß integrierte Scheinwerfer sowie eine recht kleine Kühleröffnung ohne BMW Optik, als Zugabe wurden Cycle-wings für die Vorderräder angebracht. Das erste Rennen mit dem fertigen Wagen anno 1936 auf dem Nürburgring gewann er natürlich. Etliche Erfolge kamen hinzu.

1938 hatte Roese in gleicher Art auch einen neuen 328 tunen lassen und auch hier hatte das Autohaus Müller mit seinen Spezialisten ganze Arbeit geleistet, so dass das erste Rennen mit dem Wagen sogleich ein Erfolg wurde. Beide Wagen wurden bei Kriegsbeginn stillgelegt, um nach Kriegsende entstaubt und wieder eingesetzt zu werden. Aber schon 1950 war es mit der Rennerei zu Ende, als Ralph Roese tragisch bei einem Autobahnunfall starb.

Nach dem Krieg waren es fast ausschließlich BMW Fahrzeuge, die eine neue deutsche Renntradition begründeten. Ein sehr bekannter Nachkriegswagen gehörte dem Rennfahrer Toni Ulmen. Der Wagen war nach klassischer Manier mittels Durchbohrungen im Rahmen auf 540 Kilo gebracht worden. Der alte 328-Zweiliter-Motor durfte kurzfristig bis auf 5.800 Touren gedreht werden, nachdem er eine Verdichtung von 12:1 erhalten hatte. Dank der sim-

plen Monoposto-Karosserie ohne hervorragende Teile, die von der Wülfrather Firma Rappold angefertigt worden war, ergaben sich so bei 130 PS über 230 Stundenkilometer Spitzengeschwindigkeit. Das reichte für die Deutsche Meisterschaft 1949, 1950 und 1953. Dann ging dieser zuverlässige Wagen an andere Rennfahrer und ward nicht mehr gesehen, bis er 1983 zufällig wieder auftauchte und einer wohlverdienten Restaurierung unterzogen wurde.

Auch ehemalige BMW Werkswagen tauchten plötzlich mangels anderen Materials in den Händen von Privatfahrern wieder auf, so eine „Rennlimousine" von Touring, der man sogleich die Frontpartie ummodelte. Dieses heute restaurierte und ungeheuer wertvolle Auto galt damals

Der weitgehend modifizierte 328 von Schlüter (1939).

Bei Versuchsfahrten mit den Werks-Nachfolgern für den 328 (um 1938) – mit Hut: Dr. Beissbarth.

Der Siegerwagen der Mille Miglia 1939 von Touring erlebte nach dem Krieg seine Auferstehung in einem Rennen. Zwecks besserer Aerodynamik hat man die Scheinwerfer tiefer gelegt.

schlicht als alter Rennwagen mit zu viel Gewicht, den man mangels Alternativen fuhr.

Professionelle Neukonstruktionen kamen eigentlich nur von Spitzenfahrern wie Helmut Polensky mit seinem Monopol 48 oder ehemaligen BMW Mitarbeitern wie Dipl.-Ing. Hermann Holbein mit seinen HH-Typen (HH 47 und HH 48). Holbein, der später zum Kleinwagen-Fabrikanten wurde, entwickelte seine Rennwagen zusammen mit Willi Huber auf der Frauen-Insel im Chiemsee. Für seine HH-Renner wurden rare BMW Fahrzeuge wie die Zweiliter-Limousine 332 von 1940 ausgeschlachtet.

Natürlich wurden auch Unmengen anderer BMW Sportwagen, die den Krieg überstanden hatten, wieder zum Einsatz gebracht, oft nach Veritas-Rezept durch Aufsatz einer stromlinienförmigen Ponton-Karosserie. Ähnlich wie in der DDR experimentierte man in der 750er-Klasse auch mit den Motorrad-Boxermotoren, ob nun vorne oder hinten eingebaut. Viele der heute ab und an angebotenen Vorkriegsrenner in äußerst moderner Linie sind tatsächlich erst in den 50er-Jahren modernisiert worden. Allen gemein war die BMW typische Renntauglichkeit. Ihre Eigner traten damals überwiegend gegen andere BMW Umbauten an, bis sich die Neuzeit mit stromlinienförmigen Porsche-Fahrzeugen und gekonnten VW-Umbauten meldete.

1936: Die 328-Werkswagen

Der 1936 erschienene Sportwagen 328 war mit seiner klassischen Roadsterform gegen 1938 eigentlich schon veraltet, mit Hochdruck wurde deswegen an einem Nachfolger gearbeitet. Die Projektnummern AM 1007 und AM 1008 betrafen die geschlossenen Sportwagen, damals auch „Rennlimousinen" genannt, und für die klassischen offenen Roadster erhielten Wilhelm Meyerhuber und sein Team, zu dem für die „Erprobung Sportwagen" auch ein gewisser Ernst Loof zählte, den Auftrag Nr. AM 1009. AM bedeutete seit Eisenacher Dixi-Zeiten schlicht „Ausführung München". Meyerhuber, Schmuck als Modelleur und Kaiser als Karosseriekonstrukteur sorgten denn auch sowohl für geschlossene Rennsportwagen in aerodynamischer Linie – selbstverständlich mit Kamm-Heck – als auch für die Roadster-Nachfolger. Alle diese Wagen lehnten sich in der Gestaltung weitgehend an erkennbare Sportwagenformen an. Andererseits waren die neuen Linien reine Zweckformen, sie dienten einzig und allein der Verminderung des Luftwiderstands und damit höheren Spitzengeschwindigkeiten.

So wurden noch 1938 im Stuttgarter Forschungsinstitut FKFS von Prof. Kamm verschiedene Grundformen der offenen und geschlossenen Sportwagen im Modellwindkanal untersucht, um die sinnvollste Form in Bezug auf niedrigen Luftwiderstandsbeiwert, Abtrieb und Fahrtrichtungsstabilität zu ermitteln. Keine damalige Autofirma nutzte diese neuen Erkenntnisse derart konsequent wie BMW – und mit so viel Erfolg: Diese Versuche führten ja zu den (von der damaligen Staatsführung erwünschten) Siegen in spektakulären Rennen wie der Mille Miglia. Dass diese Sportwagen daneben auch noch mit extremem Leichtbau nach Art der Carozzeria Touring glänzten, ist bekannt. Nach einem Patent des Karosseriekonstrukteurs Wilhelm Kaiser (759.464 von 1939) wurde eine Art Aluminium-Rohrrahmen über die ganze Karosserieform gezogen und mit dünnen Aluplatten beplankt. Dadurch kam man auf extrem niedrige Wagengewichte um die 600 Kilo. Nachdem die Motorenkonstruktion aus den trickreichen Zylinderköpfen der Zweiliter-Maschinen noch einiges an Leistung hervorzuzaubern, war BMW allen potentiellen Konkurrenten auf der Rennstrecke überlegen, wenngleich es auch nicht viele Konkurrenten gab. Auf der Mille Miglia kam ohnehin nur Alfa-Romeo als ernst zu nehmender Gegner in Frage, und gegen den siegte man haushoch.

Das simple Fahrwerk der 328-Sportwagen wurde unverändert für diese Neukonstruktionen übernommen, die eigentlich nur Überarbeitungen eines erfolgreichen Konzepts darstellten. Diese Werkswagen waren nach Kriegsende so begehrt, dass sie in aller Herren Länder entführt wur-

den. Einer der offenen Wagen führte fortan ein neues Dasein als Frazer-Nash in England, bis er in den späten 70er-Jahren heimkehrte. Neben den Münchner Entwicklern und Meistern der Versuchsabteilung waren auch noch italienische Fachleute am Werk, denn normale 328-Sportwagen wurden auf Anregung des NSKK-Leiters Hühnlein nach Turin zu Touring gebracht, wo man sowohl völlig glattflächige (aber auch langweilige) Roadster schuf als auch einen geschlossenen Wagen anfertigte. Von beiden Typen haben sich Exemplare erhalten.

Dieser Alu-Rennwagen entstand 1948 in der Münchner Karosseriewerkstatt Hänssel. Kunde war ein Rennfahrer namens Steiner, der das motorisierte Chassis gleich mitbrachte. Der Zweizylinder-Boxermotor lugt seitlich aus der Monoposto-Karosserie.

Die exzellente Skizze von Meyerhuber zeigt die Weiterentwicklung des Auftrags-AM 1009: Pontonlinie mit Flossenandeutung und die Scheinwerfer in den Kotflügelrändern.

Roadster-Design nach italienischer Art: einer der drei Touring-Wagen ist im Werksmuseum erhalten geblieben.

Helm Glöckler 1949 bei der Siegerfahrt zum Großen Preis vom Nürburgring auf dem 1,5 Veritas.

1951: AFM

Dieses Kürzel steht für Alexander von Falkenhausen, München. Der adelige BMW Konstrukteur und engagierte Motorenmann hatte seit jeher eine Vorliebe für den Rennsport. Deshalb war sein persönlicher (renn-) fahrender Untersatz für viele Jahre ein BMW 328 gewesen, mit dem der Gentleman-Fahrer übrigens noch bis weit in die Nachkriegszeit antrat.

Nachdem von Falkenhausen wie so viele Top-BMW Leute in seinem geliebten Werk nach Kriegsende nicht sofort starten konnte, ging er erstmal auf Distanz zur Massenfertigung und konstruierte für den Hausgebrauch. Von Falkenhausen entwickelte einen Rennwagen auf Basis des guten alten 328 für die Zweiliter-Klasse. Analog dazu wurde auch auf motorischer Basis von Fiat erst ein 1100-Rennwägelchen gebaut, woraus dann durch Hubverringerung ein Starter für die 750er-Klasse wurde.

Dieses Produktionsprogramm reichte dem Freiherrn aber nicht: Neben Detailentwürfen wie Leichtmetallräder für Rennwagen zauberte er auch eine neue Personenwagenmarke aus dem Hut. AFM wurde auch hier als Name verwandt, aber die Motorisierung war weit weniger dynamisch als bei den Rennfahrzeugen. Ein bildschönes Coupé in Pontonform mit klar gezeichneten Linien wurde 1951 auf die Räder gestellt, und für den Antrieb sorgte der Sechszylindermotor aus dem Opel Kapitän, der 60 PS und eine Spitze von 145 km/h brachte. Die Technik war ähnlich wie bei den AFM-Rennwagen gehalten, also tiefliegender Rohrrahmen, vorne Doppelquerlenker, hinten Dreipunktaufhängung, abgefedert mit Schraubenfedern. Dem sportlichen Image entsprechend wurden ein Drehzahlmesser und, wohl für Langstrecken gedacht, ein riesiger Tank eingebaut. Dieser AFM-2,5-Liter bekam durch ein von Drews karossiertes Cabriolet namens AFM Super 2500 Zuwachs. In Serie gebaut wurde letztendlich keiner der Wagen. Wie es mit Alexander von Falkenhausens Karriere weiterging, ist bekannt: Er stellte seine Dienste BMW wieder zur Verfügung und wurde offiziell ab 1957 der führende Motorenmann im Hause, sorgte für vielfältige Rennbe-

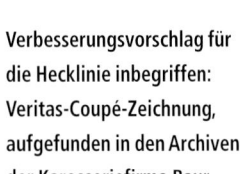

Verbesserungsvorschlag für die Hecklinie inbegriffen: Veritas-Coupé-Zeichnung, aufgefunden in den Archiven der Karosseriefirma Baur.

teilung und war der Vater der ganzen modernen Motorengeneration, die BMW berühmt gemacht hat. 1999 verstarb der Freiherr, den man erst mit 69 Jahren in Rente gehen ließ, im gesegneten Alter von 92 Jahren.

1953: Veritas

„Veritas", lat. Wahrheit, benannten einige Ex-BMW Mitarbeiter die Sportwagen, die sie in kleiner Serie nach dem Krieg aufbauten. Für Rennen geeignete Wagen stellte in den ersten Nachkriegsjahren in Deutschland niemand her – die Rennsport-Freaks mussten sich ihre Wagen entweder selber bauen oder an (unerschwingliche) ausländische Hersteller denken. Um diese Klientel zu bedienen, wollte Ernst Loof, seines Zeichens vor dem Krieg bei BMW München in der Sportwagen-Erprobung tätig, vorhandene 328er ausschlachten und um die Motoren herum unter Mithilfe des ehemaligen BMW Konstrukteurs Schäfer neue, rennsportgeeignete Wagen herstellen. Das gelang auch ganz gut, wobei als Vorbild die Mille-Miglia-Karosserieformen der späten 30er-Jahre dienten, zu deren Erprobung Loof bei BMW damals angestellt war. Das hieß, pontonförmige, rein nach aerodynamischen Gesichtspunkten hergestellte Wagen, denen man aufgearbeitete 328er-Motoren implantierte. Zusammen mit einem leichten Rohrrahmen-Fahrgestell ähnlich dem der 1940er-Spezialsportwagen ergaben sich hervorragende Leistungsgewichte. Die gute Aerodynamik trug dazu bei, die Fahrleistungen auf die Spitze zu treiben, und die junge Firma, deren erste Musterfahrzeuge noch behelfsmäßig in der Nähe von Kaufbeuren/Allgäu angefertigt worden waren, erwarb sich schnell Renommee als einziger deutscher Rennfahrzeug-Hersteller.

Ansonsten waren nur die über die Kriegszeit geretteten Sportwagen des Typs 328 konkurrenzfähig. Sie standen vereinzelten getunten MG- oder Fiat-Sportwagen gegenüber, woraus sich im Wesentlichen die Rennszene der frühen Nachkriegsjahre rekrutierte. Das Auftauchen der extrem schnellen „Aerosaurier", wie die Veritas-Boliden nach ihrem Aussehen genannt wurden, schaffte wieder echte Konkurrenz bei den Rennsportfreunden. Schnell drang der Ruf der inzwischen nach Meßkirch/Baden verlegten Werkstatt ins Ausland und zu potentiellen Kunden aus der Gesellschaft. In Meßkirch selber konnten laut Selbstdarstellung von Ernst Loof rund 75 Sportwagen hergestellt werden.

Eine wichtige Rolle in dieser Firmengeschichte spielte die Schweiz, denn sowohl Entwicklung, Formgebung und Konstruktion als auch die Fabrikationsvorbereitung wurden dank des Finanziers Hermann Trympy dort durchgeführt. Nachdem aber mangels weiterer Geldmittel eine Schweizer Fabrikation nicht in Frage kam, wurde die Firma wieder nach Meßkirch zurück verlegt.

Karosserien wurden nicht mehr bei Veritas gespenglert, hierzu wurde eine professionelle Karosseriefirma benötigt. Spohn in Ravensburg, vor dem Krieg Hauptlieferant von Maybach-Karosserien, bekam den Auftrag und konnte sich damit eine Zeit lang über Wasser halten. Diese Fahrzeuge hatten aber schon die von Heinkel neu ent-

Die „Aerosaurier"
blasen zum Angriff …

„Aerosaurier"
beim Boxenstopp.

wickelten Motoren, denn die alten 328er-Maschinen gab es ja nicht unbegrenzt. Und mit diesen neuen Motoren endet auch die BMW Veritas-Story, denn nach dem unfreiwilligen Umzug in die Eifel zum Nürburgring, erreichte die jetzige „Veritas Automobilwerke" nur noch minimale Stückzahlen und war schon 1953 finanziell am Ende. Leider, muss man sagen, denn die schnellen und formschönen Produkte, unter denen es inzwischen außer echten Rennfahrzeugen auch elegante Cabriolets und Coupés gab, hatten begeisterte Kunden gefunden. Beispielsweise Rudolf Augstein, Herausgeber des Magazins „Spiegel". Auch der Rennfahrer Paul Pietsch war ein treuer Veritas-Kunde gewesen. Aber es half alles nichts: Obwohl noch Vorrichtungen und Werkzeuge für eine monatliche Fertigung von 50 bis 100 Wagen nebst den dazugehörigen Teilen dank eines

neuen Teilhabers von der Herstellerfirma Heinkel gekauft werden konnten, reichten hier wie schon damals in der Schweiz die Finanzmittel nicht für einen Serienanlauf aus. Also blieb nur BMW.

Ernst Loof mitsamt seiner Nürburgring-Werkstatt wurde von BMW übernommen. Dort gelang es ihm noch, einen Vorläufer für den geplanten neuen BMW Sportwagen zu schaffen, bevor er, gesundheitlich seit langem angeschlagen, 1956 starb. Sein BMW Prototyp überlebte und befindet sich heute fahrfähig in den Händen eines bayerischen Sammlers. Nur wenige Veritas-Wagen indessen haben überlebt und werden heute als große Kostbarkeit gehandelt.

1959: Die Apfelbeck-Vierventilmotoren

Dass aus Österreich viele begabte Konstrukteure gekommen sind, ist nicht neu, denken wir nur an Namen wie Ledwinka, Porsche, Raabe, Komenda oder Jentschke, die Firmen wie Lohner, Nesseldorf/Tatra, Austro-Daimler, Steyr, Adler usw. zum Erfolg verholfen haben.

Auch viele Motorenspezialisten fanden ihren Weg aus dem k.u.k.-Sprachraum nach Deutschland, wo sie wesentlich zur technischen Weiterentwicklung beigetragen haben.

Zu nennen wäre da besonders Ludwig Apfelbeck, 1904 in Graz geboren. Apfelbecks Lebensthema als Techniker war der Vierventil-Zylinderkopf, insbesondere mit der grundsätzlichen Idee der kreuzweise gegenüberliegenden Ventile.

Angelegenheit erledigt!

1952/53, noch vor der Übernahme seiner Firma durch BMW, hatte Loof diverse Industriekontakte geknüpft, so auch zu dem Münchner Industrieanwalt Dr. Eduard Oehl, der unter anderem die Belange der AutoUnion Ingolstadt mit ihrer Marke DKW vertrat. Angefragt wurde über ein zwischengeschaltetes Bankhaus, ob „eine Geneigtheit hinsichtlich einer eventuellen Interessennahme an den Veritas-Werken besteht". Der beigefügte Werdegang der Firma Veritas gipfelt in einer akribischen Aufstellung der Lagerbestände mit einem Gesamtwert in Höhe von 962.000,- DM. Das beeindruckte den AutoUnion-Generaldirektor Dr. Richard Bruhn offensichtlich wenig, denn die Angelegenheit wurde „dch. Aussprache am 15.4.53 im Wtt. Hof. erl".

Schon in den frühen 30er-Jahren, bei Beschäftigung mit Rennzylinderköpfen, kam er auf die Idee der gegenüberliegenden beiden Auspuffkanäle. Das wiederum bedingte letztendlich einen halbkugelförmigen Zylinderkopf mit kreuzweise gegenüberliegenden Ventilen.

Einmal bei solchen Überlegungen angelangt, entwickelte er dabei auch senkrechte Fallstrom-Einlasskanäle. 1934 erhielt auf diese Lösung ein Patent, das für alle wesentlichen Länder galt. Nachdem die praktische Erprobung seiner Idee bei Rennmotorrädern nur Erfolge eingeheimst hatte, nahm Ludwig Apfelbeck zur Verwertung seines Patents Kontakt mit großen Firmen auf. Nur bei BMW erkannte man sofort den möglichen Nutzen von Apfelbecks Konstruktion. Versuchsleiter Rudolf Schleicher, treibende Kraft hinter den Kompressor-Weltrekord-Motorrädern des Hauses, stellte Apfelbeck 1939 ein. Bedingt durch den Kriegsausbruch verlagerte sich Apfelbecks Betätigungsfeld voll auf den Flugmotorenbau, ab 1943 im Düsentriebwerksbereich. Nach Kriegsende war Ludwig Apfelbeck wieder in Österreich zu finden, wo er wie schon in den 30er-Jahren Rennmotoren für Motorräder entwickelte. Dadurch kam er fast zwangsläufig in Kontakt mit diversen Motorradherstellern, für die er als Konstrukteur tätig wurde. 1957 rief BMW den verdienten Fachmann wieder zu sich. Versuchsleiter Hopf, vor dem Krieg der Kompressor-Spezialist, ging 1959 in Pension und Ludwig Apfelbeck übernahm seine Arbeit.

Als erstes brachte er den Sportmotor des BMW 700 Coupés auf 63 PS, genug für die ersten Siege des „Bergkönigs" Hans Stuck. Über die 85-PS-Station hinweg führte Apfelbeck diesen Zweizylinder-Boxer dann, aufgebohrt auf 850 Kubik, bis auf satte 94 PS Leistung. Auch damit gab es BMW Erfolge am Fließband. Ein Motor der Ein-Liter-Klasse, entwickelt für den Wiener BMW Importeur Denzel, kam als nächster an die Reihe, dem in München die Weiterentwicklung des 1500er-Motors auf zwei Liter Hubraum folgte. Dieser Vierzylinder erbrachte nach Apfelbecks Radikalkur mit Vierventilkopf bis zu 310 PS bei Alkohol-Betrieb – genug Leistung für einen potenten Formel-Rennwagen! Das war der Zeitpunkt für den BMW Einstieg in den professionellen Rennsport: Alex von Falkenhausen nutzte den auf Brabham-Basis gebauten Formelwagen für diverse Weltrekordfahrten.

Die letzte Arbeit auf Apfelbeck-Basis war der auf 1.500 Kubik reduzierte Vierventilmotor, nach dessen problema-

tischer Ausführung Ludwig Apfelbeck wieder nach Österreich zurückkehrte, wo er sich als Altmeister der Motorenkonstrukteure noch mit verschiedenen Auto- und Motorradmotoren beschäftigte, bis er 1987 im Alter von 83 Jahren verstarb. Die BMW M GmbH wäre ohne Apfelbecks Engagement und Können sicher nicht zu dem geworden, was sie heute ist.

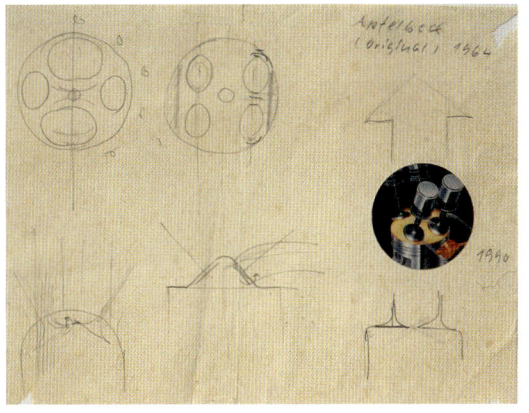

Eigenhändige Skizze Apfelbecks aus den späten 60er-Jahren

Der stolze Vater vor seinem Kind: Ludwig Apfelbeck und der erste BMW Formelrennwagen, der seinen Vierventil-Motor trägt (1968).

Exklusivität: Die BMW M GmbH

Die in Handarbeit gefertigten Wagen der BMW M GmbH tragen das „M" und liegen in Fahrleistungen, Ausstattung und Preis deutlich über ihren Serienpendants.

Viele interessante Fahrzeuge bei BMW sind sozusagen „außer der Reihe" gebaut, um das sportliche Image der Marke zu unterstreichen, initiiert von Männern wie Alex von Falkenhausen. Die Serienfahrzeuge der Nachkriegszeit wie beispielsweise die großen Limousinen vom Typ 501 und 502 wurden im Glauben an die BMW-spezifischen Eigenschaften der serienmäßigen Sportlichkeit gerne, kaum dass sie ausgeliefert waren, bei Rallyes und ähnlichen Veranstaltungen eingesetzt. Besonders die V8-Modelle hatten einige sehr schöne Erfolge zu verzeichnen. Auch die Isetta sowie der Typ 600 wurden ins Rennen geprügelt. Eine entscheidende Neuorientierung ergab sich erst nach dem Wendepunkt 1961, als BMW mit der „Neuen Klasse" wieder zu sich selbst fand. Diese Fahrzeuge mit ihrer von vornherein eindeutig sportlichen Auslegung und dem daraus resultierenden Leistungspotential wurden mehr oder weniger offen im Rennsport eingesetzt, und das Werk förderte Privatfahrer durch Entwicklung und Bereitstellung der richtigen Fahrzeuge.

So gab es bald auf Basis des 1500ers den 1800er, dessen Maschine als 1800 ti oder TISA für Furore auf den Rennstrecken sorgte, ähnlich wie es 1969 der 2002 turbo mit seinen bis zu 280 PS bei Tourenwagenrennen brachte. Rennfahrernamen wie Hubert Hahne und Dieter Quester tauchen hier auf, spektakuläre Bilder zeigen diese Rennlimousinen eindrucksvoll im harten Gefecht.

Nachdem schon mit dem Kleinwagen 700 und dessen Ableitungen voll ins Rennsportgeschehen eingegriffen worden war, lag es für die Falkenhausen-Crew nahe, ein werkseigenes rennfähiges Fahrzeug auf dieser Grundlage zu schaffen. Wo andere deutsche Hersteller zu dieser Zeit ihren Sportfahrern höchstens mit speziell für Rennzwecke gegossenen Motorenblöcken unter die Arme griffen, wie beispielsweise die Auto Union mit ihren Junior-Typen, da ging BMW in die Vollen und schuf mit dem Typ 700 RS ein reinrassiges Wettbewerbsfahrzeug von hoher Potenz. Die Armada von 700-Sportfahrern musste damit nicht mehr den Gang zu BMW Tuner Willi Martini am Nürburgring antreten, der zusätzlich noch als eigene Konstruktion den Martini BMW 700 anbot. Dieses bis zu 82/85 PS leistende Kunststoffgefährt gab es in verschiedenen Ausführungen und bei dem Basisgewicht von nur 470 Kilo waren fulminante Fahrleistungen möglich. Auch der SWM BMW 700 aus München und der Lotus BMW 700 machten die Rennstrecken unsicher, ebenso der Condor 700 und der Höhreich 700.

Alex von Falkenhausen als erfolgreicher Renn- und Rallyefahrer bot mit dem neuen 700 RS genau das richtige für
ambitionierte Sportfahrer. Im Juni 1961 stellte der „Berg-
könig" Hans Stuck als Fahrer den Fachjournalisten das
neue Modell bei einer Testfahrt auf der Wallbergstraße vor.
Das grundsätzliche Konzept dieses Fahrzeugs sah folgen-
dermaßen aus:

Mittelmotor mit Getriebe hinter der Hinterachse, Gitterrohrrahmen mit Aluminium-Karosserie. Pure Zweckform als zweisitziger Roadster mit weitgehend verklei-
tem Unterboden und hoher Hecklinie für günstigen
Luftabriss. Hohe, von der FIA vorgeschriebene Windschutzscheibe. Verkürzter Radstand gegenüber dem normalen 700er, niedrige Gesamthöhe, geringe Wagenbreite,
Verwendung serienmäßiger Teile von Radaufhängung und
Motor. Der Königswellen-Motor mit Doppelzündung
und zwei DellOrto-Rennvergasern besaß serienmäßig:
Membranpumpe, ebenso Ölpumpe, Ölkühler und Lüfter-
rad, während die eigentlich serienmäßige Kurbelwelle
natürlich für Rennzwecke präpariert wurde. Aus nur zwei
Zylindern mit einem Gesamthubraum von 697 Kubik
wurden so anfänglich zwischen 72 und 75 PS bei 8.000
Umdrehungen herausgeholt, was dem kleinen Sportgerät
eine Spitze von 175 bis 185 km/h bei der Flachstrecken-
Übersetzung einbrachte. Mit dem eng abgestuften Sport-
getriebe und einer verstärkten Kupplung war der richtige
Kraftfluss gesichert. Natürlich wurde dem Sportfahrer
auch eine Zweikreis-Bremsanlage spendiert, wenn auch
nur mit Trommelbremsen. Auf Basis dieses BMW 700 RS
sollte 1964 sogar noch ein GT-Coupé entstehen, wie ein
Modellfoto zeigte.

Dieser Rennsportwagen blieb nicht der einzige sportliche Sondertyp des Hauses. 1968, als aufbegehrende Studenten auf der Straße und im Hörsaal die überfällige Auf-
frischung der Republik einleiteten, plante man in
München-Milbertshofen eine Wiederbelebung des klas-
sisch-sportlichen BMW Images und gedachte der Zielgruppe endlich die entsprechenden Fahrgeräte zu liefern.
Es fehlte ja nicht an sportlichen Limousinen, es fehlte an
erwachsenen Sport-Cabriolets und ähnlichen Produkten.
Vorstand Paul Hahnemann, dieses klar erkennend, defi-
nierte deshalb eindeutig die gewünschten Projekt-Ziele,
und Paul Bracq, nach Arbeiten bei Philippe Charbon-
neaux' Design-Studio und langjährigem Wirken in der
Daimler-Benz-Vorentwicklung, dem Daimler-Benz-De-

Alex von Falkenhausen
(auf dem Foto im Hintergrund
sein 700 RS).

Der Rennsportwagen Typ 528
mit Mittelmotor als Modell,
ein Falkenhausen-Konzept
von 1956.

Amerikanischer GTP-Renn-
wagen von 1986
(Design: Manfred Rennen).

Keine französische Gegenliebe

Kurz bevor es mit der Produktion des neuen BMW Coupés losgehen sollte, intervenierten die französischen Autohersteller. Ein Konsortium aus dem Staatsbetrieb Renault, dem Eisenbahnhersteller TGV sowie dem Autohersteller Peugeot übernahm kurzentschlossen die Mehrheit bei Brissonneau & Lotz, nachdem BL auch sehr stark im Waggonbau für die französischen Eisenbahnen engagiert war. Damit wurden Anfang 1970 schlagartig die Produktionsmöglichkeiten für den neuen BMW Sportwagen und für den Opel GT eliminiert; wieder war damit ein Ansatz Paul Hahnemanns für den so nötigen BMW Zweisitzer Makulatur geworden.

So schwungvoll stellte Paul Bracq seinen BMW Turbo dar – von ihm selbst in einer Reihe mit dem legendären Typ 328 gesehen.

sign seit 1967 bei dem traditionsreichen Pariser Fahrzeugbauer Brissonneau & Lotz als Stylist tätig, konnte den nötigen Vorschlag machen, der in die gewünschte Richtung führte. Seine Idee eines zweisitzigen BMW Sportwagens als Cabrio oder auch als Coupé beeindruckte Hahnemann sehr, wie man aus den Protokollen der seit 1968 geführten Gespräche der BMW Oberen und der BL-Verantwortlichen herauslesen kann. Als Grundlage war der BMW 1600

angedacht, dem Bracq durch reduzierte Außenmaße klassische Sportwagen-Proportionen geben wollte. Dazu gehörten natürlich auch ein verkürzter Radstand und eine äußerst geringe Bauhöhe. Das typische neue BMW Gesicht mit der kleinen Doppelniere war selbstverständlich Bestandteil des Packages, ebenso wie möglichst viele Serienteile verwendet werden sollten. Der Initiator im Hintergrund dürfte, wie üblich, USA-Importeur Maxie Hoffman gewesen sein, und bei BMW selbst zeichnete federführend für dieses Projekt E-19-Chefkonstrukteur Bernhard Osswald, während die Projektleitung Konrad Schaepe innehatte. Die heute noch modernen Bracq'schen Entwürfe hatten genau den BMW Nerv getroffen und im Laufe der Entwicklungsarbeit entstand so ein klar gezeichnetes Coupé mit einer Art von Pagodendach, dessen zeitlos-elegante Linien dem BMW Verkauf sicher großen Auftrieb gegeben hätten. Im März 1972 sollte die Produktion bei Brissonneau & Lotz beginnen, nachdem BMW Mangel an eigenen Herstellungskapazitäten hatte. Alles schien startklar für dieses Projekt, nur – die französischen Autohersteller sahen schon den Ausverkauf Frankreichs voraus und intervenierten (s. Kasten).

Für Paul Bracq hatte dieses Projekt aber den positiven Nebeneffekt, dass ihn Bernhard Osswald 1970 als Design-Chef (oder wohl eher als Studio-Leiter) zu BMW holte.

Unter seiner Ägide entstanden dort auch die Vorarbeiten
für die epochemachende Sportwagenstudie „Turbo" von
1972, die letztendlich zum exklusiven Seriensportler M1
führte. Bracqs Turbo brachte BMW die nötige Anerken-
nung bei den potentiellen Käufern exklusiver italienischer
Sportwagen ein. Ursprünglich sollte dieser Wagen ja auch
im Hause Lamborghini in Serie gehen. Dass aus dem Turbo dann nur ein Ausstellungsstück wurde, war nicht
Bracqs Schuld. Der Amerikaner Robert A. „Bob" Lutz, damals Verkaufsvorstand, sah aber in der Weiterentwicklung
des zweimal angefertigten Turbo zu einer kleinen und fei-
nen Serie homologierter Rennsportwagen eine echte
Markt- und Profilierungschance für BMW.

Folglich wurde für den dann in kleinster Serie (453 Exemplare) als Edel-Sportgerät bei Baur in Stuttgart gefertigten M1 eine eigene Sportwagen-Rennserie geschaffen, bei
der sich dieser 480-PS-Mittelmotor-Renner durch spektakuläre Leistungen auszeichnete. Das war die BMW M1
Procar-Serie, ab 1979 in der Formel 1 zu finden. Bis zu 310
km/h konnten mit diesem Sportgerät gefahren werden, das
genau 48 Mal als Procar-Version verkauft wurde.

Dazu musste natürlich ein professioneller Rennleiter
her, wofür man Jochen Neerpasch gewinnen konnte, der
dann auch 1972 von Ford zu BMW wechselte. Ford und
BMW fochten damals im Rennsport harte Konkurrenz-
kämpfe aus. Zwangsläufig als nächster Schritt wurde im
selben Jahr die BMW Motorsport GmbH gegründet – eine urbayerische Firma, die sich in der Preußenstraße ansie-
delte!

Das nur einen Katzensprung vom Werk beheimatete
Unternehmen, dem mit dem Garchinger BMW Versuchs-
gelände am Stadtrand Münchens ein ideales Testgelände
zur Verfügung steht, hat im Laufe der Jahrzehnte für eine
Menge motorsportlicher Überraschungen gesorgt, teils
mit BMW nahestehenden Fremdfirmen wie Koepchen,
Schnitzer und Alpina, großenteils aber durch das Potential
seiner engagierten Mitarbeiter – welcher BMW Ingenieur
ist nicht rennsportlich angehaucht?

Die Rennsport-Ecke von BMW hatte auf der anderen
Seite hausgemachten Auftrieb durch Alexander von Falkenhausen erhalten, der mittels des Apfelbeck'schen Vier-
ventilkopfes die Vierzylindermotoren des Hauses zu un-
geahnten Leistungsspitzen trieb. Fast zwangsläufig
resultierten daraus Entwicklung und Bau BMW eigener
Formel-Rennwagen, deren erstes Exemplar Falkenhausen

1964: Willi Martinis Kunststoff-BMW 700, hier in einer
zivilen Version als Typ 4.

Die Designer Seehaus,
Bertram und Rennen (von
links) mit dem Gipsmodell
zum PT 2000 im Studio.

Im Windkanal werden
Abtriebswerte ermittelt.

BMW March-Rennwagen in
eleganter und glattflächiger
Linienführung.

Paul Rosche (links) vor
dem Zweiliter-Turbo-320
(1978 bei Testfahrten).

sofort zu Beschleunigungs-Weltrekorden nutzte, wie man 1966 lesen konnte. Benutzt dazu wurde das 65er-Brabham-Chassis der Formel 1, das für den Zweiliter-BMW Motor eingerichtet wurde. 1967 wollte man dann mit zwei Fahrzeugen in der Formel 2 präsent sein.

Die Zweiliter-Maschinen brachten nach Apfelbeck-Rezept rund 267 DIN-PS, während man aus der kleinen 1.585-Kubik-Maschine über 250 SAE PS herauszuholen hoffte. Leider musste aus hausinternen Gründen die offizielle Werksbeteiligung am Rennsport bald darauf aufgegeben werden, aber das hervorragende Know-how des Falkenhausen-Rosche-Teams wurde weiterhin eingesetzt, um Spezial-Motoren für die Formel 1, 2 (und 3) in enger Zusammenarbeit mit Rennteams zu entwickeln – und hervorragend zu verkaufen!

Als Sondertyp entstand 1968 auch ein spezieller Bergrennwagen, der auf den Namen „Monti" hörte. Mit ihm erfuhr sich damals der Wiener Rennfahrer Dieter Quester diverse Siege, was er später wieder tat, nachdem die BMW M GmbH den sorgfältig präparierten Wagen bei Oldtimerrennen unter dem gleichen Fahrer mit Erfolg einsetzte.

Zur selben Zeit wurde bei BMW auch an zahmeren Sportversionen auf 1602-Basis herumexperimentiert, wie beispielsweise ein „1600 SR" mit Überrollbügel zeigt. Damit nicht genug, entwickelte Manfred Rennen als Designer auch einen geschlossenen Formel-2-Rennwagen in vollaerodynamischer Linienführung, der tatsächlich 1967 eingesetzt werden sollte. Auch hier waren ein Brabham-Chassis als Basis vorgesehen, der potente Apfelbeck-Motor eingeplant und John Surtees als Fahrer angedacht – was für eine Kombination! Die aluminiumfarbene Karosserie sollte aus Kunststoff gefertigt werden.

Rennsport-Freunde versorgte München mit dem unter Alpina-Mitwirkung entstandenen 3,0-CSL-Coupé, das als heißes Sportgerät 1975 mit bis zu 460 PS ausgestattet für Furore sorgte. Sowohl von der gestalterischen als auch von der aerodynamischen Seite her war für die rennsportliche Abwandlung des eher braven Serien-Coupés Manfred Rennen verantwortlich, seit 1964 als Designer im Hause tätig. Feinarbeit im Stuttgarter FKFS-Windkanal unter Jürgen Potthoff brachte den Rest, gefahren werden musste noch selber… Daneben bot BMW auch noch so erfreuliche Sportgeräte wie den 320 Gruppe 5 an (1977–1981), dessen insgesamt 20 Exemplare äußerlich noch entfernt einem Serienwagen glichen, allerdings einen veritablen Formel-2-Motor unter der Haube trugen.

Auch die Deutsche Tourenwagenmeisterschaft (DTM) und ähnliche Veranstaltungen im In- und Ausland wurden und werden von den Münchnern mit entsprechenden Entwicklungen liebevoll betreut. Neben diesen renntauglichen Derivaten werden auch spezielle Serienmotoren („M") und reine Spezialentwicklungen konstruiert und gefertigt. So zum Beispiel ab 1992 Motoren für den englischen Super-Straßensportwagen McLaren F1, die potente Sonderausführung eines aktuellen 8er-Coupés (ein 850i Cabriolet hierfür lieferte die Hamburger Styling Garage) und wer weiß, welche Bonbons für Motorsportfreunde noch?

Beeindruckend sind natürlich auch die von der BMW M GmbH selbst vermarkteten Produkte wie beispielsweise die M3 Limousine mit ihrer ganz exquisiten Innenausstattung und den bei 286 PS nur zu erahnenden guten Fahrleistungen.

Besuchte man die (seit 1993 so umbenannte) BMW M GmbH, so war der Rennsport-Freak und Motorenkenner sofort entzückt über die im Empfang ausgestellten BMW Rennmotoren aus mehreren Jahrzehnten, zu denen sich laufend Neuentwicklungen „nach Maß" gesellten. Verantwortlich dafür zeichnete 1995 Otto Pukl, seines Zeichens „Leiter Entwicklung Antrieb" der BMW M GmbH. Paul Rosche, damals Geschäftsführer der M GmbH, muss als geistiger Vater dieser kräftigen Trieblinge in diesem Zusammenhang natürlich besonders erwähnt werden. Rosche, seit 1957 bei BMW in der Motorenentwicklung und erst vier bis fünf Jahre später auf die motorsportliche Seite gewechselt, gilt heute als der Rennmotoren-Übervater und absoluter Nockenwellenpapst, woher sicher auch sein in der Presse gern zitierter Beiname „Nocken-Paule" stammt.

Nicht zuletzt basieren alle heutigen Zylinderkopfentwicklungen auf seinem Vierventiler-System, nachdem die von Ludwig Apfelbeck geschaffenen Grundlagen irgendwann nicht weiter auszureizen waren.

Den Abschluss dieses sozusagen mit sportlichem Sound untermalten Kapitels bildet der in den USA eingesetzte GTP-Rennwagen, ein reinrassiges BMW Kind in einer eigenen BMW Rennserie. Debüt: 24 Stunden von Daytona im Februar 1986.

Oben: Der 1600 als SR mit Überrollbügel (Rennen-Zeichnung von 1965);
Unten: Monti-Bergspyder vor der BMW M GmbH.

RENNMOTOREN DER BMW AG/BMW MOTORSPORT GMBH/ BMW M GMBH

(Nach bestem Wissen ermittelt, unter Zuhilfenahme offizieller, z. T. differierender Daten)

Motortyp	Zylinder-Zahl	Hubraum	Ventile/Steuerung	PS/Drehzahl
(Wagenbez. Typ 528)				
507	V8	3.200	2	200/6.200
107				32–40
107	2	700	2/Stößel/Stoßstangen	54/7.200
107	2	700	2/Stößel/Stoßstangen	62/7.400
107	2	700	2 Rollenstößel	70/7.800
107 „Kettenhund"	2	700	2 OHC	78/8.200
107 „Königswelle"	2	700	2 OHC	78/8.200
107 „Königswelle"	2	850	2 OHC	82/8.200
118	4	1.800	2 OHC	130/6.200
118	4	1.800	2 OHC	165/7.200
121	4	2.000	2 OHC	185/7.200
PT 2000 (Wagenbezeichnung)				
M 10 V Apfelbeck	4	2.000	4 DOHC Radial	310/8.500
M 10 Apfelbeck	4	1.600	4 DOHC Radial	210/9.500
M 10/1 Apfelbeck	4	2.000	4 DOHC Radial	260/8.500
M 12	4	1.600	4 DOHC Diametral	230/10.200
121 E	4	2.000	2 OHC	205/7.200
M 12/1	4	1.600	4 DOHC Diametral	235/10.400
M 12/4	4	1.600	4 DOHC Diametral	248/10.700
M 12/2	4	1.600	4 DOHC Parallel	242/10.300
M 12/3	4	2.000	4 DOHC Diametral	270/9.000
M 12/3.1	4		4 DOHC Parallel	
M 12/5	4	2.000		
121 Turbo	4	2.000	2 OHC	290/7.200
M 12/6	4	2.000	4 DOHC Parallel	275/8.750
M 12/7	4	2.000	4 DOHC Parallel	306/9.750 bis 1982: 330 PS
				170/5.800
Schnitzer-Entwicklung	4	2.000	4 DOHC Parallel	295/9.300
Schnitzer-Entwicklung	4	1.400	4 DOHC Parallel	450/9.600
M 12/8	4	2.000	4 DOHC Parallel	320/10.300
M 12/9	4	2.000	4 DOHC Parallel	bis 600/9.700
M 12/10	4	2.000	4 DOHC Parallel	280/k.A.
M 12/11	4	2.100	4 DOHC Parallel	640/9.600
M 12/12	4	1.400 (1.425?)	4 DOHC Parallel	450/9.700
M 12/13	4	1.500	4 DOHC Parallel	850/9.500
M 12/14	4	2.000	4 DOHC Parallel	800/k.A.
M 38	6	3.000	2 OHC	330/8.200

Motortyp	Zylinder-Zahl	Hubraum	Ventile/Steuerung	PS/Drehzahl
M 52/1	6	3.150	2 OHC	340/8.200
M 52/2	6	3.300	2 OHC	355/8.200
M 52/3	6	3.500	2 OHC	370/7.800
M 49	6	3.150	4 DOHC Parallel	415/9.000
M 49/1	6	3.300	4 DOHC Parallel	430/8.750
M 49/2	6	3.500	4 DOHC Parallel	440/8.500
M 49/3	6	3.500	4 DOHC Parallel	465/8.500
M 49/4	6	3.200/3.500	4 DOHC Parallel	950/9.000
M 49/5	6	3.500	k.A.	k.A.
M 88	6	3.500	4 DOHC Parallel	277/6.500
M 88/1	6	3.500	4 DOHC Parallel	490/9.000
M 88/2	6	3.200	4 DOHC Parallel	950/8.500
M 88/3	6	3.500	4 DOHC Parallel	286/k.A.
S 38	6	3.500	4 DOHC Parallel	k.A.
S 38/B 36	6	3.600	4 DOHC Parallel	315/k.A.
S 38/B 38	4	3.800	4 DOHC Parallel	340/k.A.
S 14/B 23	4	2.300	4 DOHC Parallel	200/k.A.
S 14 Evo	4	2.300	4 DOHC Parallel	220/k.A.
S 14/B 20	4	2.000	4 DOHC Parallel	195/k.A.
S 14/B 25	4	2.500	4 DOHC Parallel	239/k.A.
S 14	4	2.300	k.A.	k.A.
S 14/1	4	2.300	4 DOHC Parallel	300/k.A.
S 14/2	4	2.500	4 DOHC Parallel	325/k.A.
S 14/3	4	2.300	4 DOHC Parallel	325/k.A.
S 14/3	4	2.500	4 DOHC Parallel	375/k.A.
S 14/4	4	2.000	4 DOHC Parallel	260/k.A.
S 14/5	4	2.500	4 DOHC Parallel	330/k.A.
S 14/6	4	2.500	4 DOHC Parallel	325/k.A.
S 14/7	4	2.000	4 DOHC Parallel	275/k.A.
S 55/B 25	6	2.500	4 DOHC Parallel	200/k.A.
S 55/B 26	6	2.600	4 DOHC Parallel	220/k.A.
S 52/B 25	6	2.500	4 DOHC Parallel	215/k.A.
S 50/B 30	6	3.000	4 DOHC Parallel	286/k.A.
S 50/B 32	6	3.200	4 DOHC Parallel	315/k.A.
S 50/US	6	3.000	4 DOHC Parallel	240/k.A.
S 52/B 32	6	3.200	4 DOHC Parallel	250/k.A.
S 50 GTR	6	3.000	4 DOHC Parallel	360/k.A.
S 42	4	2.000	4 DOHC Parallel	280/k.A.
S 70/2	12	6.100	4 DOHC Parallel	600 (627/7.400?)
S 70/B 56	12	5.600	2-Ventiler	380/k.A.
S 70/1	12	6.000	4 DOHC	460/k.A.

Die Formel-1- und -2-Motoren basierten auf einem Serien-
motorblock des BMW 318 bzw. 320/4 mit 89 Ø (1995)

Alpina – Meisterwerke aus dem Allgäu

Wenn die „Neue Klasse" bei BMW die Bahn vorzeichnete, in deren Spur die motorsportliche Tochter, die heutige BMW M GmbH sich entwickelte, dann war sie auch der Grund für die erstaunliche Karriere des Burkard Bovensiepen und seiner eng mit BMW verknüpften Autofirma.

1961 verkündete die BMW AG ihren Bruch mit der bisherigen Motorenentwicklung, indem sie den völlig neu entwickelten Typ 1500, einen modernen Vierzylinder mit wohlgeratener Leistung und sportlichem Fahrwerk, vorstellte.

Dieser Wagen hatte den jungen Burkard Bovensiepen, dessen Vater eine feinmechanische Fabrik zur Fertigung von Schreibmaschinen besaß, fasziniert. Nicht weil er ihn selbst fahren wollte, nein, er wollte diesem für damalige Verhältnisse ohnehin potenten Auto noch etwas auf die Sprünge helfen. Das nötige Rüstzeug dafür lieferte ihm

eine Werkzeugbauer-Lehre, ergänzt durch die Studien von Maschinenbau und Betriebswirtschaft. Innerhalb kürzester Zeit entwickelte er zusammen mit dem Münchner Moteninstitut Professor Huber (EFMO) eine leistungssteigernde Zweivergaseranlage. Das war der eigentliche Start seiner Karriere als Hochleistungs-Fahrzeugentwickler.

Der Alpina-Kit, unter dem Namen der väterlichen Fabrik angeboten (wo er auch entwickelt wurde), hatte einen entscheidenden Vorteil gegenüber den Umbauten anderer sogenannter Tuner: Er war vom Werk für gut befunden und abgesegnet worden, die damit umgerüsteten Fahrzeuge fielen somit unter die Werksgarantie.

Der erste Testbericht in der Zeitschrift „auto motor und sport" fiel positiv aus, und aus den handwerklich perfekt gefertigten Teilen entwickelte sich eine eigene kleine Firma, deren offizielles Gründungsjahr 1964 ist.

Das 6er-Cabriolet in der von Alpina veredelten Form.

Nachdem als nächster Schritt von Alpina komplett überarbeitete Motoren für BMW Modelle angeboten wurden, die sich im BMW 2002 Alpina bei 165 PS Leistung durchaus mit der gleichstarken, aber einen Turbolader benötigenden Werksentwicklung 2002 Turbo vergleichen ließen, zeichnete sich immer mehr der Weg zum Entwickler kompletter Autos ab. Diese sollten aber, da ausschließlich auf BMW Basis entwickelt, schon von vornherein einen hohen Level aufweisen.

So wurde beispielsweise das von Bovensiepen initiierte Leichtbau-Coupé 3.0 CSL in der Straßenausführung für 43.000,- Mark verkauft – gemessen an den Fahrleistungen vergleichsweise günstig. Dieses reinrassige Sportfahrzeug entstand seinerzeit unter Alpina-Projektleitung und natürlich zusammen mit der frisch gegründeten BMW Motorsport GmbH, die den Heckspoilersatz für den erfolgreichen Renntourenwagen entwickelte. Zusätzlich hatte das eindrucksvolle Coupé auch noch Alpina-Räder. Beeindruckende Sporterfolge, wie 1970 der Tourenwagen-Europapokal und der Sieg im 24-Stunden-Rennen von Spa-Francorchamps, machten die junge Firma rasch bekannt, die besten Renn- und Rallyefahrer ihrer Zeit fuhren auf Alpina-BMW. Nachdem die Ölkrise dem ganzen Automobilgeschäft einen schweren Schock versetzt hatte, änderte sich die strategische Ausrichtung bei Alpina jedoch total. Die Firma durfte sich fortan „BMW Alpina" nennen (mit dem offiziellen Segen des Werks) und der Schritt vom Tuner zum Hersteller exklusiver Luxusfahrzeuge auf BMW Basis wurde 1978 vollzogen, als Burkard Bovensiepen erstmals komplette Eigenentwicklungen vorstellte: die Typen BMW Alpina B6 und B7, Letzterer in Limousinen- und Coupé-Ausführung. Diese mit 200 PS aus 2,8 Litern (B6) beziehungsweise mit 300 PS aus drei Litern Hubraum (B7) versehenen Fahrzeuge konnten schon im darauf folgenden Jahr in einer Anzahl von rund 240 Exemplaren abgesetzt werden.

Für die Entwicklung zeichnete unter anderem der bekannte Konstrukteur Dr. Fritz Indra verantwortlich, der später zu Audi ging und dann bei Opel als Vordenker eine wichtige Rolle spielte.

Die Fahrwerks-Modifikationen beließen einerseits eine vergleichsweise komfortable Straßenlage als Spezialität von Alpina, sorgten andererseits aber für völlige Renntauglichkeit, sicher kein leichter Kompromiss bei Entwicklung und Konstruktion.

Solche eigentlich eher für den alltäglichen Bedarf der Auto-Gourmets gedachten Wagen prüfte man damals im Renndress: Als Test unter Aufsicht von BMW und dem TÜV wurden mit dem B7 10.000 Kilometer auf dem Nürburgring bei Renntempo zurückgelegt, ohne dass irgendwelche Probleme vermeldet wurden. Diesem Leistungsbeweis ließen die Allgäuer BMW Veredler den B7S folgen, der aus 3,5 Liter Hubraum und Turbolader 330 PS mobilisierte. Eine Sonderserie von 60 Exemplaren wurde 1981/82 ausgeliefert.

Ebenfalls 3,5 Liter Hubraum besaß der BMW Alpina B9 3,5 (der B8 taucht in den Werksannalen erst sehr viel später auf), dessen 245-PS-Maschine ihn zu einem richtigen Bestseller machte. Immerhin 502 Stück wurden zwi-

Auch das Interieur-Design kommt bei Alpina nicht zu kurz, wie man an dieser luxuriös-hochwertigen Ausstattung sehen kann.

Immer schneller, immer besser

Um die schnellste viertürige Limousine der Welt anbieten zu können, bedienten sich die Entwickler von Alpina zweier kleinerer Turbos, wodurch sie ihrem B10 Bi-Turbo satte 360 PS einhauchen konnten, was eine Literleistung von über 108 PS ergibt. Dieser Wagen wurde vier Jahre lang, von 1990 bis 1994, angeboten und immerhin 507 Mal abgesetzt – bei einer Höchstgeschwindigkeit von über 290 Stundenkilometer. Dennoch war der Alpina-Level eher noch erhöht worden, wenn man sich die Liste der Ausstattungsdetails ansieht, die neben ABS, ASR und EML auch ein Sperrdifferential, Wasserbüffel-Lederausstattung – und ein versilbertes Typenschild – enthält.

schen 1983 und 1985 gebaut, entsprechend dem selbst gesteckten Ziel, nämlich der „Produktion von leistungsstarken und dennoch umweltverträglichen und sparsamen Automobilen, die zu den besten der Welt gehören. Limitierte Stückzahlen, insgesamt ca. 500 pro Jahr".

Das Edelcoupé B12 mit seiner 5,7-Liter-Maschine und schlichten 416 PS als heute angebotenes Optimum aus Buchloe dürfte von manchen Leuten als Klassiker der Gran-Tourisme-Wagen angesehen werden. Hier ist all das verwirklicht, was der Kenner von einem wirklich überzeugenden Luxusautomobil-Konzept verlangen kann – sofern er es sich leisten kann…

Das aktuelle Alpina-Programm beinhaltet heute Autos auf Basis der 3er-, 5er- und 8er-Reihe, unter anderem den B3 in den Varianten Limousine, Coupé und Cabrio, neben dem schon erwähnten B10 Bi-Turbo gibt es auch einen B10 mit einem V8-Saugmotor, während der (nicht mehr angebotene) B11 auf 7er-Basis auch als verlängerte Version zu haben ist und der B12 mit dem V8 oder dem V12 ausgerüstet werden kann. Diesen B12 gibt es immerhin in drei Versionen, einmal als Hochleistungslimousine und gleich doppelt als Coupé, wobei der Liebhaber zwischen

der „schwächeren" 350-PS- und der nochmals optimierten 416-PS-Variante wählen kann, die dem Wagen immerhin eine Höchstgeschwindigkeit von 300 Kilometer in der Stunde garantiert. Auch einen mit 4,6-Liter-Aggregat wirklich gut bestückten 3er kann man als Typ B8 4,6 erwerben. Dass man da als anspruchsvoller Kunde nicht nach Preisen fragte, verstand sich fast von selbst. Die Preise lagen in der Vor-Euro-Zeit zwischen eher bescheidenen 76.000,- und 268.500,- Mark.

Bei Alpina verwies man stolz auf technologische Leistungen wie die Entwicklung eines kleinen 3er BMW mit einem 3,2-Liter-Motor; dieser Typ BMW 333i wurde speziell für Südafrika entwickelt. Ausschließlich für den Schweizer Markt im Auftrag der BMW Schweiz AG wurde der BMW Alpina B10 3,0 Allrad konzipiert, den es auch als Touring gibt, was das Understatement unterstützt.

Inzwischen hat sich bei Alpina einiges Neues getan, so gibt es nicht nur attraktive neue Fahrzeuge zu bestaunen (und gegebenenfalls zu erwerben), sondern das Haus Bovensiepen verkauft auch erstklassige italienische Weine für Kenner und Liebhaber. Außerdem gibt es auch eine eigene Sport-Kollektion.

Das Z9-Coupé vor eleganter Umgebung. Alpina verpasst diesem Retrodesign mit Anleihen an die 507-Zeit noch ein bisschen mehr Charme und noch mehr Power!

FRÜHE ALPINA-AUTOMOBILE

Typ/Produkt	Jahr	Leistung	Zyl.-Zahl	Basistyp	Besonder-heiten	Preis in DM
Zweivergaser-Kit für 1500	1962	+10 PS				980
weitere Kits						
2002/tii Alpina	1973	165	4	Typ 144 bzw. E 20		
3,0 CSL	ab 1972		6	E 9	Projektleitung Alpina, Mitarbeiter BMW Motorsport	43.000 (Straßenversion)

ALPINA-AUTOMOBILE AUF BASIS DER BMW 3ER-REIHE

Modell BMW Alpina	Kataly-sator	BMW Basisfahrzeug	Alpina-Motortyp	Hub-raum	Leistung kW/PS Nm	Zylinder	Produktion von – bis
C1 2,3		323i (E 21) 2-türig	C1*	2.316	125/170 210	6	04/80 – 07/83
B6 2,8		323i (E 21) 2-türig	B6	2.788	147/200 248	6	11/78 – 08/81
B6 2,8		323i (E 21) 2-türig	B6	2.788	160/218 265	6	09/81 – 01/83
C1 2,3/1		323i (E 30) 2-türig	C1/1*	2.316	125/170 225	6	08/83 – 11/85
C1 2,5		325i (E 30) 2-, 4-türig	C2/3*	2.494	140/190 235	6	10/86 – 07/87
C2 2,5		325i (E 30) 2-, 4-türig	C2*	2.552	136/185 246	6	07/86 – 11/86
C2 2,7		325i (E 30) 2-, 4-türig, Allrad, Cabrio	C2/1*	2.693	154/210 267	6	04/86 – 07/87
C2 2,7	x	325i (E 30) 2-, 4-türig, Allrad, Cabrio	C2/2*	2.693	150/204 265	6	04/87 – 07/87
B3 2,7	x	325i (E 30) 2-, 4-türig, Allrad, Cabrio, Touring	C2/2*	2.693	150/204 265	6	08/87 – 06/92
B6 2,8/1		323i, 325i (E 30) 2-, 4-türig	B6/2	2.788	154/210 270	6	03/84 – 07/86
B6 3,5		323i, 325i (E 30) 2-, 4-türig	B10/2	3.430	192/261 346	6	11/85 – 07/87
B6 3,5	x	325i (E 30) 2-, 4-türig	B10/3	3.430	187/254 320	6	08/86 – 07/87
B6 3,5	x	325i (E 30) 2-, 4-türig	B10/5	3.430	187/254 320	6	11/87 – 12/90
B6 3,5 S	x	M3 (E 30) 2-türig	B10/5	3.430	187/254 320	6	11/87 – 12/90
B6 2,8	x	325i (E 36) 2-türig, 4-türig	E1	2.752	177/240 293	6	03/92 – 07/93
B3 3,0	x	325i (E 36) 2-, 4-türig, Cabrio, Touring	E3	2.997	184/250 320	6	04/93 – 02/96
B3 3,2	x	328i (E 36) 2-, 4-türig, Cabrio, Touring	E4	3.152	195/265 330	6	04/96 – 03/99
B8 4,0	x	328i (E 36)	F1/1	3.982	230/313 410	8	08/95 – 12/95
B8 4,6	x	328i (E 36) 2-, 4-türig, Cabrio, Touring	F2/1	4.619	245/333 470	8	01/95 – 11/98
B3 3,3	x	328i (E 46) Limousine, Coupé, Cabrio, Touring	E4/4 (E4/6)	3.300	206/280 335	6	03/99 – 07/02
B3 3,3 ALLRAD	x	330ix (E 46) Limousine, Touring	E4/8	3.300	206/280 335	6	11/01 – 01/05
B3 S	x	330i (E 46) Limousine, Coupé, Cabrio, Touring	E5/1	3.346	224/305 362	6	08/02 – 01/06
D3 (Diesel)	x	320d (E 90) Limousine, Touring	M47	1.995	147/200 410	4	ab 12/05
B3 Bi-Turbo	x	330i (E 90) Limousine, Coupé, Cabrio, Touring	K2	2.979	265/360 500	6	voraussichtlich Ende 2007

* Diese Motoren wurden auch zur Nachrüstung angeboten.

ALPINA-AUTOMOBILE AUF BASIS DER BMW 5ER-REIHE

Modell BMW Alpina	Kataly-sator	BMW Basisfahrzeug	Alpina-Motortyp	Hub-raum	Leistung PS / Drehmom. Nm	Zylinder	Produktion von – bis
B7 Turbo		528i (E 12)	B7	2.986	300/462	6	12/78 – 02/82
B7S Turbo		528i (E 12)	B7S	3.453	330/500	6	11/81 – 05/82
B9 3,5		528i (E 28)	B9*	3.453	245/320	6	11/81 – 08/83
B9 3,5 (E 28)		528i (E 28)	B9/1*	3.430	245/320	6	01/83 – 12/85
B7 Turbo/1		528i, 535i (E 28)	B7/1	3.430	300/501	6	04/84 – 07/87
B10 3,5		535i (E 28)	B10*	3.430	261/346	6	07/85 – 12/87
B7 Turbo/1	x	535i (E 28)	B7/3	3.430	320/520	6	08/86 – 12/87
B10 3,5/1	x	535i (E 34)	B11/3	3.430	254/325	6	04/88 – 12/92
B10 Bi-Turbo	x	535i (E 34)	B7/5	3.430	360/520	6	08/89 – 03/94
B10 3,0 Allrad	x	525ix (E 34)	E3/1*	2.997	231/312	6	10/93 – 10/95
B10 3,0 Allrad Touring	x	525ix Touring (E 34)	E3/1*	2.997	231/312	6	11/93 – 05/96
B10 3,2	x	528i (E 39)	E4/3	3.152	260/330	6	08/97 – 12/98
B10 3,2 Touring	x	528i Touring (E 39)	E4/3	3.152	260/330	6	01/98 – 12/98
B10 3,3	x	528i (E 39)	E4/5 (E4/7)	3.152	280/335	6	02/99 – 07/03
B10 3,3 Touring	x	528i Touring (E 39)	E4/5 (E4/7)	3.152	280/335	6	04/99 – 10/03
B10 4,0	x	540i (E 34)	F1	3.982	315/410	8	04/93 – 11/94
B10 4,0 Touring	x	540i Touring (E 34)	F1	3.982	315/410	8	04/94 – 08/95
B10 4,6	x	540i (E 34)	F2	4.619	340/480	8	03/94 – 05/95
B10 4,6 Touring	x	540i Touring (E 34)	F2	4.619	340/480	8	06/94 – 04/96
B10 V8	x	540i (E 39)	F3	4.619	340/470	8	01/97 – 10/98
B10 V8 Touring	x	540i Touring (E 39)	F3	4.619	340/470	8	08/97 – 10/98
B10 V8	x	540i (E 39)	F4	4.619	347/480	8	10/98 – 08/00
B10 V8 Touring	x	540i Touring (E 39)	F4	4.619	347/480	8	11/98 – 07/00
B10 V8	x	540i (E 39)	F4	4.619	347/480	8	09/00 – 09/02
B10 V8 Touring	x	540i Touring (E 39)	F4	4.619	347/480	8	10/00 – 02/02
B10 V8S	x	540i (E 39)	F5	4.837	375/510	8	01/02 – 07/03
B10 V8S Touring	x	540i Touring (E 39)	F5	4.837	375/510	8	03/02 – 05/04
D10 BITURBO	x	530d (E 39)	G1	2.926	245/500	6	04/00 – 04/03
D10 BITURBO Touring	x	530d Touring (E 39)	G1	2.926	245/500	6	05/00 – 10/03
B5	x	550i (E 60)	H1	4.398	500/700	8	ab 02/05
B5 Touring	x	550i Touring (E 61)	H1	4.398	500/700	8	ab 10/05

* Diese Motoren wurden auch zur Nachrüstung angeboten.

ALPINA-AUTOMOBILE AUF BASIS DER BMW 6ER-REIHE

Modell BMW Alpina	Kataly-sator	BMW Basisfahrzeug	Alpina-Motortyp	Hub-raum	Leistung PS / Drehmom. Nm	Zylinder	Produktion von – bis
B7 Turbo Coupé		630CSi (E 24)	B7	2.986	300/462	6	12/78 – 02/82
B7 S Turbo Coupé		635CSi (E 24)	B7S	3.453	330/500	6	05/82 – 09/82
B9 3,5 Coupé		635CSi (E 24)	B9*	3.453	245/320	6	07/82 – 11/82
B9 3,5 Coupé/1		635CSi (E 24/1)	B9/1*	3.430	245/320	6	08/82 – 12/85
B7 Turbo Coupé/1		635CSi (E 24/1)	B7/2	3.430	330/512	6	04/84 – 08/87
B10 3,5 Coupé		635CSi (E 24/1)	B10*	3.430	261/346	6	07/85 – 06/87
B7 Turbo Coupé/1	x	635CSi (E 24/1)	B7/3	3.430	320/520	6	10/86 – 06/88
B6 Coupé	x	650i (E 63)	H1	4.398	500/700	8	ab 04/06
B6 Cabrio	x	650i (E 64)	H1	4.398	500/700	8	ab 04/06

ALPINA-AUTOMOBILE AUF BASIS DER BMW 7ER-REIHE

Modell BMW Alpina	Kataly-sator	BMW Basisfahrzeug	Alpina-Motortyp	Hub-raum	Leistung PS / Drehmom. Nm	Zylinder	Produktion von – bis
B11 3,5		735i (E 32)	B11	3.430	250/330	6	01/87 – 09/87
B11 3,5	x	735i (E 32)	B11/1	3.430	240/310	6	01/87 – 09/87
B11 3,5	x	735i (E 32)	B11/3	3.430	254/325	6	10/87 – 12/93
B11 4,0	x	740i (E 32)	F1	3.982	315/410	8	05/93 – 02/94
B12 5,0	x	750i (E 32)	D1	4.988	350/470	12	07/88 – 01/94
B12 5,7 E-KAT	x	750i (E 38)	D3	5.646	387/560	12	12/95 – 08/98
B12 6,0 E-KAT	x	750i (E 38)	D3/2	5.980	430/600	12	07/99 – 07/01
B7	x	745i (E 65)	H1	4.398	500/700	8	ab 03/04
B7 Lang	x	745i (E 66)	H1	4.398	500/700	8	ab 05/04

ALPINA-AUTOMOBILE AUF BASIS DER BMW 8ER-REIHE

Modell BMW Alpina	Kataly-sator	BMW Basisfahrzeug	Alpina-Motortyp	Hub-raum	Leistung PS / Drehmom. Nm	Zylinder	Produktion von – bis
B12 5,0 Coupé	x	850i, 850Ci (E 31)	D1/1	4.988	350/470	12	06/90 – 05/94
B12 5,7 Coupé	x	850CSi (E 31)	D2	5.646	416/570	12	11/92 – 11/96

ALPINA-ROADSTER

Modell BMW Alpina	Kataly-sator	BMW Basisfahrzeug	Alpina-Motortyp	Hub-raum	Leistung PS / Drehmom. Nm	Zylinder	Produktion von – bis
Roadster Limited Edition - RLE	x	Z1	C2/6*	2.693	200/261	6	08/90 – 09/91
Roadster V8 Limited Edition	x	Z8 (E 52)	F5	4.837	381/520	8	06/02 – 10/03
Roadster S	x	Z4 (E 85)	E5/2	3.346	300/362	6	10/03 – 12/05

* Diese Motoren wurden auch zur Nachrüstung angeboten.

Rennsport in der DDR

Wie in der Bundesrepublik erfolgte auch im östlichen Teil Deutschlands die Wiedergeburt des Rennsports vor allem mit BMW Power. Hier wurde nicht nur offiziell entwickelt, um dem West-Rennfahrern Paroli bieten zu können. Viele Privatfahrer direkt nach dem Zweiten Weltkrieg setzten auf BMW Motoren.

Beim Sachsenringrennen Hohenstein-Ernstthal (September 1949) muss der 340S zeigen, was in ihm steckt.

Was man aus alten BMW Komponenten nicht alles machen kann…

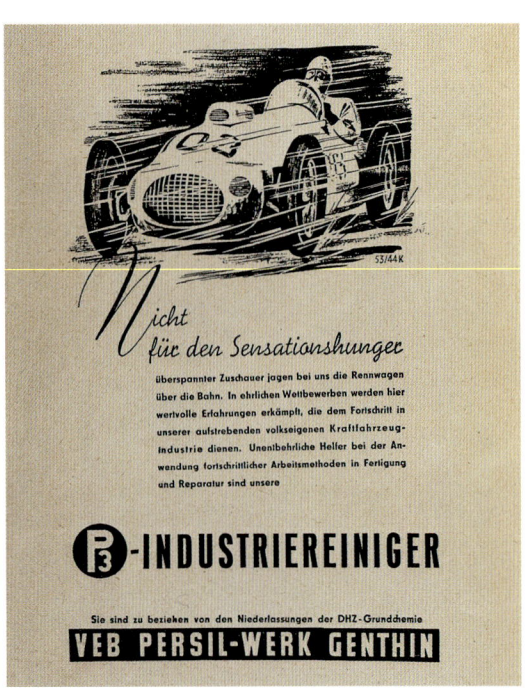

Georg Hufnagel werkelt an seinem Monoposto.

1949: Typ 340/1

Bei BMW in Eisenach ging das Leben weiter. Schnell wurden wieder neue Wagen entwickelt, und natürlich dachte man „zu Exportzwecken" besonders an die gute alte BMW Tradition der Rennsportfahrzeuge. So entstanden neben der Neuentwicklung von Limousinen 1949 auch zwei Sportfahrzeuge, die Typen 340/1 und der S1. Ersterer sollte den doch in die Jahre gekommenen Typ 328 ersetzen. Seine Zweiliter-Maschine mit den drei Vergasern lieferte wie einst 80 PS und bald geisterten auch die ersten Bilder vom 340 S im Renneinsatz durch die Motorpresse. Als Konstrukteur wurde wie auch beim S1 der ehemalige Auto-Union-Entwickler Hufnagel genannt, der zumindest beim S1 allein für die Formgestaltung der Karosserie verantwortlich zeichnete – eigentlich ein Wunder in der Zeit der kollektiven Betriebsführung!

Dipl.-Ing. Hufnagel, 1906 in München geboren, ging nach seinem Studium an der TH München 1934 zur hiesigen Karosseriefirma Rupflin, um noch im selben Jahr zur Auto Union zu wechseln, deren Designzentrum KEKB in Chemnitz angesiedelt war. Dort arbeitete er als einer der wichtigen Gestalter an der Formgebung diverser Fahrzeu-

Neuester BMW-Rennwagen auf der Frühjahrsmesse Leipzig
1950
Eigenbau v.Ing.Weber,Jena,Vors.d.Motorsport-Komm. der
Ostzone, Entw.Ing.Hufnagel,Eisenach. Stand der DEKA-
Reifenwerke Ketschendorf.

ge. 1939 wechselte er zu BMW Eisenach. 1949 gründete er
den Fahrzeugbau Hufnagel in Eisenach auf der Wartburg-
schleife, der Rennwagen für Privatfahrer anfertigte. Nach
seiner Flucht in den Westen zeichnete er freiberuflich Entwürfe für DKW-Motorroller (Ingolstadt), um 1952 in der
neuen Design-Abteilung bei Ford in Köln angestellt zu
werden. Mit dieser Erfahrung baute er 1960–62 bei Hen-
schel in Kassel eine Designabteilung für Lokomotiven und
LKW auf, wonach er wieder zu Ford zurückkehrte.

Doch lassen wir die Presse 1949 unter der Überschrift
„Interessante Kraftfahrzeuge auf der Leipziger Messe" berichten: „Der neue, stahlblau gespritzte Rennsportwagen
hat schon rein äußerlich ein faszinierendes Aussehen. (…)
In vorbildlich windschnittiger Form verläuft der Aufbau
bis zu der stromlinienförmigen Kuppel aus Plexiglas, die
ebenso gefällig, wie zweckmäßig, in dem schräg abgleiten-
den, breiten Heck des Wagens verläuft. (…) Wie uns Inge-

nieur Georg Hufnagel, der Konstrukteur des Aufbaus dieses Fahrzeuges, dem seine reichen Erfahrungen, die er in der früheren Auto-Union-Versuchsabteilung sammeln konnte, bestens zustatten kamen, berichtete, war die Hauptforderung die Erzielung geringsten Luftwiderstandes und Leistungsgewichtes. Letzteres wurde durch weitestgehende Anwendung der Leichtbauweise erreicht. Der Rennsportwagen stellt eine direkte Fortentwicklung des bisherigen bewährten BMW Sportwagens 328 dar. (…) Daraus resultiert ein Gewicht, das noch unter 600 kg liegt. (…) Die Blattfederung vom 328 wurde ebenso beibehalten wie dessen Getriebe, Hinterachse und der Sechszylinder-Zweilitermotor mit seinen drei Solex-Vergasern. Nun ist es dem bekannten BMW Monteur Koch gelungen, diesem Motor eine Leistung von 130 PS einzuhauchen. (…) Und man darf schon heute mit Fug und Recht auf den ersten Start dieses Eisenacher Rennsportwagens, der bis zu 250 km-std. erzielen soll, gespannt sein. Und der Preis dieses fortschrittlichen Rennsport-Fahrzeuges? – Er dürfte etwa

bei 10.000 Dollar liegen. Inwieweit der Wagen deutschen Sportsleuten zugänglich sein wird, muß abgewartet werden. Vorläufig dürfte er in der Hauptsache, wie auch alle anderen Erzeugnisse der Eisenacher BMW Werke, für Exportzwecke gebaut und durch die Technoexport vertrieben werden. (…)

Das neue zweisitzige Sport-Cabriolett der Eisenacher BMW Werke besticht durch die rassige, windschnittige Form, die man seinem ebenfalls stahlblauen Aufbau mit den schwarz abgesetzten Kotflügeln gegeben hat. Bei diesem Fahrzeug, das den bisherigen Typ 327 ablöst, hat man baulich insofern einen interessanten Weg beschritten, als die Aggregate verschiedener bisheriger Baumuster der BMW Werke in ihm vereint wurden. Während die Karosserie aus Aluminiumhaut völlig neu ist, verwendet man als Fahrgestell den Kastenrahmen mit der bewährten Torsionsstabfederung vom Baumuster 326, wohingegen der Motor (Sechszylinder-Zweiliter) mit drei Vergasern aus dem Typ 328 stammt. (…) Die abgedeckten Hinter-

Beide neuen Produkte der Eisenacher Konstrukteure mussten sich frühzeitig auf der Rennstrecke profilieren und gegen so ungleiche Gegner wie alte 328 und 319 antreten.

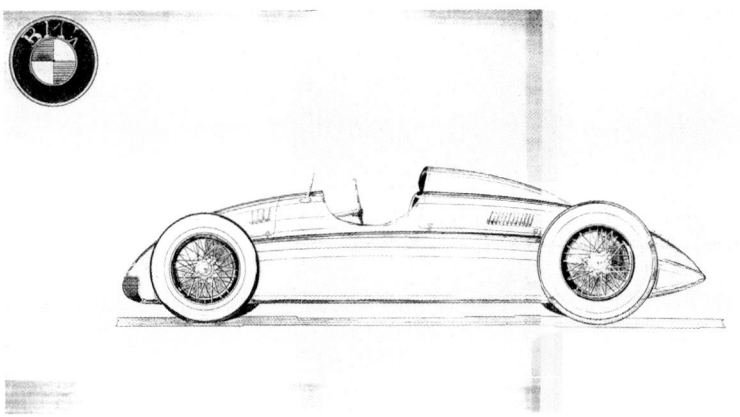

Mittelmotor-Rennwagen Ost nach guter alter Auto-Union-Manier (Typ D) – ein seltenes Bild aus den Kellern des ehemaligen Eisenacher BMW Werks.

räder, der im tief herabgezogenen, aufklappbaren und verschließbaren Heck untergebrachte Brennstofftank mit 100 Litern Fassungsvermögen, sowie das ebenfalls an dieser Stelle untergebrachte, also von außen zugängliche Reserverad und der außerdem noch vorhandene geräumige Kofferraum stempeln dieses Cabriolett mit Sportverdeck und geteilter Windschutzscheibe nicht nur zum Sportwagen, sondern auch zum idealen, schnellen Fahrzeug für große Reisen. Dadurch wird es mit seinem Brennstoffverbrauch von 13 bis 14 Litern für 100 Kilometer und seiner Spitzengeschwindigkeit von 160 km-std. dem bisherigen Typ 328 überlegen. 800 bis 1.000 Stück wird die erste Serie dieses Sport-Cabriolets umfassen."

Soweit die damalige Presse. Beide Fahrzeuge sah man tatsächlich auf der Rennpiste, überwiegend allerdings in den Händen von ostdeutschen Privatfahrern. Der S1 wurde später auch für die 1500er-Klasse weiterentwickelt, während sich Exportträume mit beiden Fahrzeugen nicht realisieren ließen. Der viel zu hohe Preis für den S1 dürfte auch zahlungskräftigen Amerikanern aufgestoßen sein. Der 340/1 wiederum spielte im Export überhaupt keine Rolle, nennenswerten Erfolg verzeichneten die Ost-BMW nur mit der überarbeiteten alten 326-Limousine, die sich als Typ 340 bis zum berühmten Namenszeichen-Prozess mit BMW West im Ausland gut verkaufte.

Ähnlich wie im Westen wurden wirklich rennfähige Fahrzeuge in Privatinitiative von Amateurrennfahrern mit viel Engagement aufgebaut. Als Basis dienten entweder die schon klassischen Motoren des Typs 328, die in der Zweiliter-Klasse als auch, versehen mit einer anderen Kurbelwelle, in der 1,5-Liter-Klasse starteten. Natürlich gab es auch, wie schon in den 20er-Jahren, Wagen mit den Zweizylinder-Boxermotoren aus den BMW Motorrädern. Manchmal wurde auch nur das Chassis eines 328 überarbeitet, während oft rund um die Motoren modernste Stahlrohrrahmen ähnlich wie die der Mille-Miglia-Werkswagen entstanden. Federung und Radaufhängung wurden ebenso modifiziert oder aus Serienteilen anderer Autos entwickelt. Aufbauten entstanden in allen Stilrichtungen,

Der Eigenbau von Kurt Baum, ausgerüstet mit einem auf 1,5 Liter reduzierten 328-Motor.

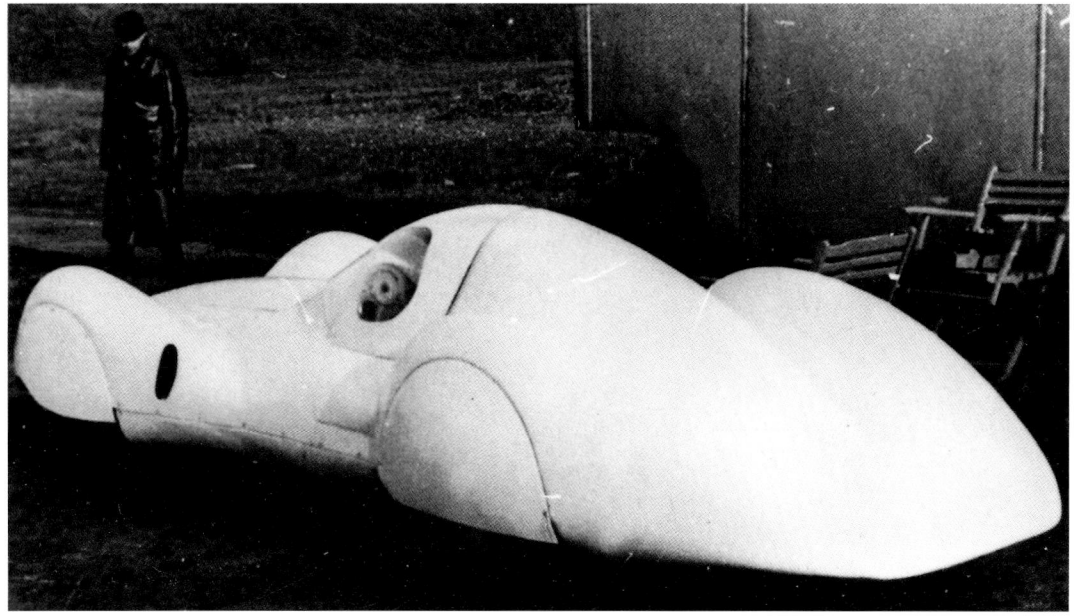

vom klassischen Grand-Prix-Formelwagen bis hin zur Vollstromlinienkarosserie, wobei Motoren vorne oder hinten zu finden waren. Eine Unmenge von Fahrzeugen entstand, von denen wir hier nur die wesentlichsten wiedergeben können. Typisch für die Art und Weise, wie beim Aufbau der Nachkriegs-Renner vorgegangen wurde, ist der folgende Bericht von Rudi Krause:

„Da stand ich nun vor meinem Sportwagen, Modell BMW 328. Er besaß einen normalen Serienmotor und wies alle Merkmale eines Gebrauchsfahrzeugs auf. (…) Und aus diesem schon fast veralteten Sportmodell wollte ich einen Rennwagen machen! Zunächst machte ich mich mit einigen wackeren Männern an den Motor. Wenn er für einen Rennwagen geeignet sein sollte, musste er mehr hergeben als bisher im Sportwagen; er brauchte also mehr PS. Nun kannte ich durch meine Arbeit einen Fachmann für solche Sachen. (…) Mit allerlei geschickten Kniffen aus seinem reichen Schatz an Erfahrungen, mit manchen Neuerungen und Improvisationen zauberte er eine entschieden höhere PS-Zahl in den Motor. (…) Dann gingen die Arbeiten am Fahrgestell los. (…) In meiner eigenen Werkstatt wurde das Fahrgestell zum Rennwagenchassis umgewandelt. (…) Übrigens war auch die Karosserie ein Kapitel für sich. Zum Glück fand ich hier gleichfalls einen erfahrenen Fachmann, der mir mit Rat und Tat zur Seite stand. (…) Wir wählten nicht die damals schon vielfach angewandte Pontonform (…), denn diese Form erschien uns als zu massig, zu schwer. (…) Und weiter überlegten wir, wie und wo wir noch Gewicht sparen könnten. (…) Der Umbau des Sportwagens zum Eigenbaurennwagen war gewiß nicht einfach (…) zumal da meine Berufsarbeit (…) nicht unter meinen sportlichen Ambitionen leiden darf. (…) Fast eines Jahres der Mühen und Anstrengungen hatte es bedurft, bis wir soweit waren." Dem ist nichts hinzuzufügen.

BMW 328 Original gegen
BMW 328 Veritas, eine
typische Szene von den ersten
Nachkriegsrennen.

1966/67 wurde das unten zu
sehen Modell namens
PT 2000 entwickelt. Ein hoch-
karätiger Rennwagen, der
vom Gitterrohrrahmen über
die Kunststoffkarosserie bis
zum Brabham-Chassis alles
erhalten sollte, was ein Sieger
braucht. Natürlich sollte auch
der Apfelbeck-Motor zum
Zuge kommen
(Entwurf: Manfred Rennen).

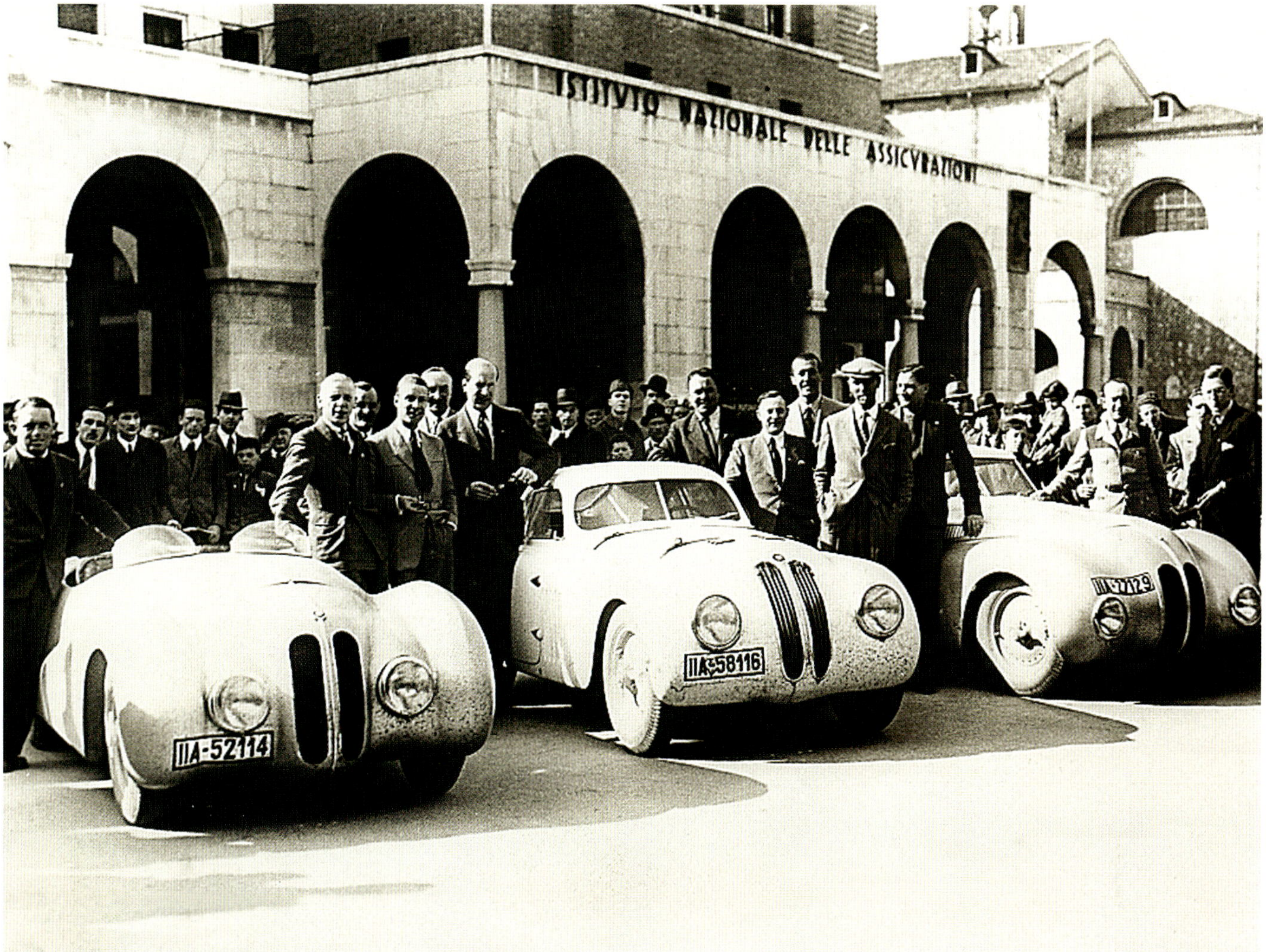

Foto: BMW AG Konzernarchiv

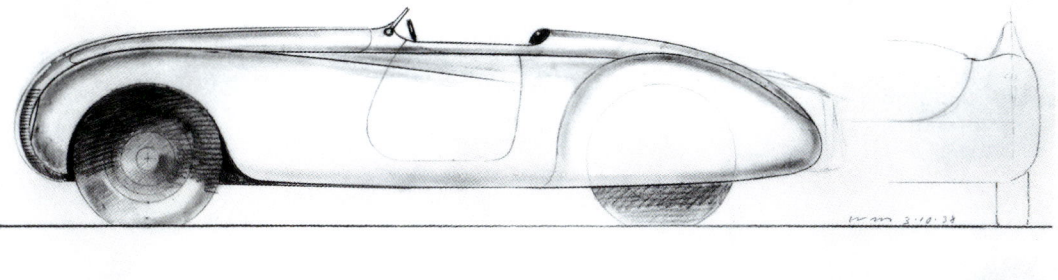

In der Mitte: BMW 328 MM Touring-Coupé, der Gesamtsieger beim „Großen Preis von Brescia" 1940, dem Rundstrecken-Rennen als Ersatz für die Mille Miglia.

Ein früher Entwurf vom Oktober 1938 von Meyerhuber für einen 328-Nachfolger in klarer, funktionsgerechter Formgebung.

NACHKRIEGS-ENTWICKLUNGSNUMMERN

Nummer	Bezeichnung
331 oder 531	600-cm³-Kleinwagen, 1949/50
336/0	Ersatzmotor, 1949
336/5	Sechszylindermotor alt, mit Drehschiebersteuerung, 1947
336/6	Motorenentwicklung auf Basis 326 für 501
337	Motor für 501
337/2	Motor für 501 Serie 2
541	Aufbau für Typ 501
542	Aufbau für Typ 502
543	Aufbau für Typ 503
570	Limousine klein, Graf Goertz, 1955
580	Limousine groß, Graf Goertz, 1955 (Grundkar. 570/580 identisch)
528	Sportwagen offen (geschl. Falkenhausen)
530	1,6-Liter-Limousine, 1958
520/535	Projekt-Fahrgestell, Motor mit obenliegender Nockenwelle, 1956
100	Isetta
101	Isetta 250
102	Isetta 300
103	Isetta CKD od. SKD
104	k.A.
105	k.A.
106	k.A.
107	700 Limousine
108	k.A.
109	k.A.
110	700 Cabrio, um 1961
111	600
112	600 SKD
113	Limousinen-Prototyp, 1962
114	1502/1602/2000/2002
115	1500 Neue Klasse
116	4-türige Limousine, 1,6 l
117	k.A.
118	1800 Neue Klasse
119	700 LS Coupé, um 1962
120	2000 CS
121	Limousine 2000
122	k.A.

Nummer	Bezeichnung
123	k.A.
124	1600-2 Roadster, um 1966 (Studentenwagen)
E1	k.A.
E2	k.A.
E3	Sechszylinder-Limousine 2500/2800/3.0/3.3,1968–1977
E4	Kunststoff-Coupé
E5	NF Glas 300 geplant
E6	Touring 1602–2002
E7	Elektrofahrzeug Basis 1600
E8	Sechszyl. 2,2-Liter auf Basis 121
E9	Sechszyl.-Coupé 2,5–3 l, 1969–1975
E10	2002 US-Variante
E11	V8-Limousine auf E3-Basis (Projekt)
E12	1,5er: 518/520/520i/525/528/528i/530i, 1972, 1981
E13	Militärfahrzeug VCL (Schwimmfahrzeug)
E14	Militärfahrzeug (Schwimmfahrzeug)
E15	Sechszyl.-Kunststoffcoupé (2+2) auf Basis 2,8-Liter-Projekt
E16	V8-Coupé auf Basis E9 (Projekt)
E17	Militärfahrzeug Kunststoff-Karosserie Bölkow
E18	Entwicklung: Bizzarini/AMXP (BMW = Vermittler)
E19	2002 Coupé (Bertone Roadster) Basis 11
E20	2002 Turbo
E21	1,3er: 315/316/318/320/320i/323i (Nachfolger 02-Reihe), 1975–1982
E22	Mittelmotor-Limousinen-Projekt auf Basis Typ 121
E23	1,7er: 728i/733i/735/745
E24	Sechszyl.-Coupé (Nachfolger E9) 628CSi/633CSi/635CSi, 1976–1989
E35	Turbo-Studie Ausstellung
E26	Projekt mit Lamborghini (M1)
E27	Weiterentwicklung E3 (Ölkrise – billiger als E23) anstelle E23
E28	2,5er: 520 Nachfolger von E12, 1981–1987
E29	Elektrofahrzeug auf Basis 700
E30	2,3er: Nachfolger von E21
E31	850 Coupé, 1990, Nachfolger von E24
E32	2,7er: Nachfolger E23 (Var. I)
E33	kurz/lang Nachfolger von E28/E23 Var. II
E34	Nachfolger von E28 (Var. I) = 3,5er
E35	K-Klasse Frontantrieb Projekt
E36	3,3er: Nachfolger E30
E37	El. Auto

Jüngste Entwicklungen bei BMW

Autor und Verlag baten BMW um einen Beitrag zu diesem Buch, der die Entwicklungen im 21. Jahrhundert beleuchten sollte. Insbesondere drei Modelle standen hierbei im Fokus des Interesses. Für den nun folgenden Aufsatz danken wir der BMW Designabteilung herzlich!

Es ist eine Binsenweisheit: Auf lange Sicht ist Stillstand gleichbedeutend mit Rückschritt. Daher wird nach immer neuen Möglichkeiten zur Artikulation von Einzigartigkeit, Lebensgefühl einer Zeit und einer allzeit neuen, immer wieder überraschenden Formensprache gesucht. Ein Innovationstreiber wie BMW sieht sich natürlich besonders im Spiel der Gestaltung und der technischen Innovationen gefragt, die sich in der Formensprache widerspiegeln. Concept Cars sind ein Mittel, um diese technischen Innovationen intern und extern zu präsentieren und den Kunden auf eine mögliche Zukunft vorzubereiten. Dabei können die Entwürfe manchmal durchaus polarisieren, auf jeden Fall sollen Concept Cars aber immer wieder inspirieren. Drei

Entwürfe des Hauses BMW, mit denen das besonders gut gelungen ist, wollen wir im Folgenden kurz vorstellen. Beispielsweise wurde im Jahr 2001 in Detroit ein Automobil gezeigt, das in eine neue Ära führen sollte.

BMW X Coupé

Im Jahr 2001 wurde der Vorgeschmack eines neuen Paradigmas präsentiert, eine neue Herangehensweise an Automobildesign – das Concept Car BMW X Coupé. Weiter zu gehen als andere und dabei Neues zu wagen, war dabei die immer wieder neu interpretierte Basis der Arbeiten des BMW Designteams. Dabei bricht es bis heute mit herkömmlichen Sehgewohnheiten und fordert zudem seine Betrachter heraus – der Horizont des Publikums wird erweitert.

Die neue Ära präsentierte die inzwischen für BMW so charakteristische konvex-konkave Oberflächensprache. Bereits auf den ersten Blick zeigte das eindrucksvolle Fahrzeug mit Aluminiumaußenhaut in Highland-Silver, dass

X-Coupé: Interieur in neuartiger Formensprache.

dort neue Wege gegangen wurden, dass das BMW Design hiermit einen großen Schritt der Weiterentwicklung wagte. Das Spannungsfeld zwischen Emotion und Perfektion, eine der Wurzeln des Erfolgs für den weiß-blauen Autobauer, wurde hier eindrucksvoll freigelegt.

Das Fahrzeug scheute sich nicht, vermeintliche Widersprüche aufzugreifen und sich an bisher nicht Dagewesenes des Automobilbaus heranzuwagen: ein Coupé als Offroad-Fahrzeug, ein Coupé mit Dieselmotor, Asymmetrien im Exterieur und Interieur, Oberflächen, die in sich gedreht sind oder ihre Form verändern können und vieles mehr passte nicht in die bekannten Schemata.

Das BMW X Coupé verließ die gewohnten Wege des Automobildesigns – ganz so, wie es das auch in seinem Einsatzgebiet als Offroad-Fahrzeug am liebsten tut. Nicht nur die Möglichkeiten, die sich mit diesem Konzept eröffneten waren neu, auch der Ausdruck in der Form geht innovative Wege. „Flame Surfacing" beschreibt eine neue Formensprache des Automobildesigns. Nach ihr gestaltete Oberflächen erinnern nicht nur optisch an die Formen energiereicher, kraftvoller Flammen wie die von Gas, das unter Hochdruck ausströmt und verbrennt. Ihre Idee geht

noch weiter: Sie greift den spannungsvollen Kontrast zwischen der unberechenbaren Kraft des Feuers und der ganz rationalen Beherrschung dieses Elements durch den Menschen auf und setzt ihn in Form um.

Trotz all dieser Wagnisse, der neuen Formensprache und der Technik war auch das BMW X Coupé konsequent ein BMW Fahrzeug – wie der Inbegriff von ausgereiftem, hochentwickeltem und sportlichem Automobil. Das BMW X Coupé war ein echtes „Driver's Car", dessen Fahrerorientierung im Interieur neue Maßstäbe setzte. Die ungewöhnliche Sitzposition gab dem Fahrer gleich nach dem Einsteigen das Gefühl, ein Highend-Sportgerät zu bedienen. Sie machte sich die Vorteile beider Welten zu nutze – die der Offroadfahrzeuge und die der Coupés. Die Sitzposition verband die „Command Position" der Geländegänger mit der relativ flachen Sitzhaltung sportlicher Straßenfahrzeuge. Das Resultat war ein völlig neues Sitzgefühl mit außergewöhnlich gutem Überblick trotz sportlicher Sitzposition.

Eine Design/Technik-Innovation, die ihren Ausdruck in der Formensprache fand und hierbei den Augen des Publikums zum ersten Mal präsentiert wurde, ist „GINA".

Jahrgang 2001: Offroader mit Dieselbefeuerung.

Open mind: Das X-Coupé zeigt alles.

GINA, das Kunstwort steht für **G**eometrie und Funktionen **I**n „**N**" **A**daptionen, war ein neuer Ansatz im Automobilbau, der hier erstmals im Interieur Anwendung fand. Ein Tragrahmen war dabei die Basis des Cockpits. Über die Einfassung wurde eine flexible „Haut" gespannt, die von

BMW zusammen mit Partnerunternehmen entsprechend der Anforderung entwickelt wurde. Diese war durch ein intelligentes, unsichtbares System jederzeit lösbar. Die flexible Haut erlaubte im Zusammenspiel mit der manuellen oder elektromechanischen Ansteuerung ein gezieltes,

Flowing lines: Heckansicht des MM Concept Car.

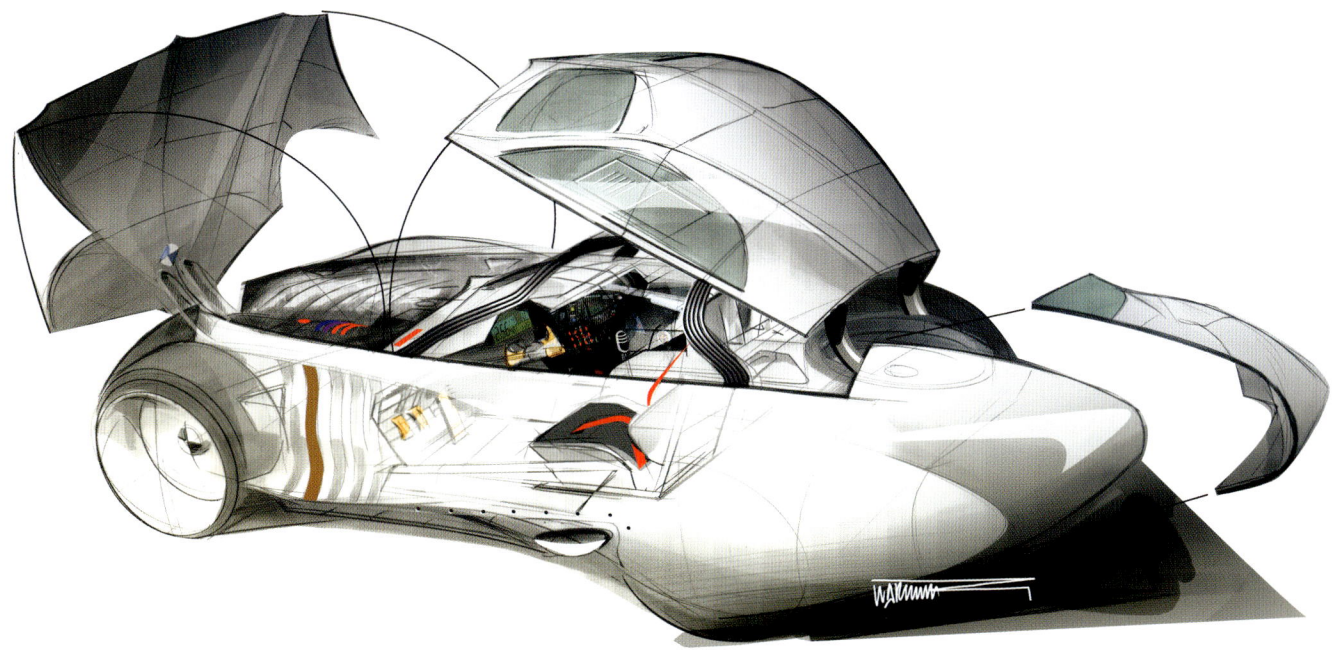

beliebig wiederholbares Verformen der Oberfläche. Wurde der untere Hebel an der Mittelkonsole umgelegt, so veränderte die mit Neopren bespannte, flexible Oberfläche des Armaturenbretts ihre Form, öffnete sich wie eine Art Auge und gab dem Fahrer den Blick auf den Monitor des iDrive-Bediensystems frei. GINA bedeutete also, dass nicht die Produktionstechnik die Möglichkeiten bestimmte, sondern allein der Bedarf.

Dieser revolutionäre Weg der innovativen Technik im Einklang mit der dies ausdrückenden Form wurde bei BMW nach 2001 stetig weitergeführt – auch im nun folgenden Modell.

BMW Concept Coupé Mille Miglia 2006

2006 stellte BMW eine Hommage an den Rennsport aus dem Blickwinkel des 21. Jahrhunderts vor – ein Klassiker in neuer Interpretation. Die Geschichte der Mille Miglia und die Geschichte der Marke BMW waren seit Jahrzehnten untrennbar miteinander verbunden. Die Wurzeln dieser Beziehung wurden bei den klassischen Straßenrennen zwischen 1927 und 1957 gelegt, die Tradition lebt heute bei den alljährlichen Wettfahrten historischer Fahrzeuge fort. 2006 wurden eben diese Klassiker, der BMW 328 Mille Miglia Roadster und das BMW 328 Mille Miglia

Touring Coupé, als Hommage an die Fähigkeiten, Erfolge und Visionen der Motorsport-Pioniere von einst durch ihre Nachfolger neu interpretiert.

Das BMW Concept Coupé Mille Miglia 2006 trug äußerlich unverkennbar die Züge einer Rennsport-Ikone. Sein Karosseriedesign orientierte sich am BMW 328 Mille Miglia Touring Coupé, jenem legendären Zweisitzer, mit dem Fritz Huschke von Hanstein und Walter Bäumer den Sieg beim Großen Preis von Brescia 1940 einfuhren. Aus der Liebe zur handwerklichen Tradition und den klassi-

Part-work:
MM, teilweise offen.

MM frontal:
Erinnerung an die Zukunft.

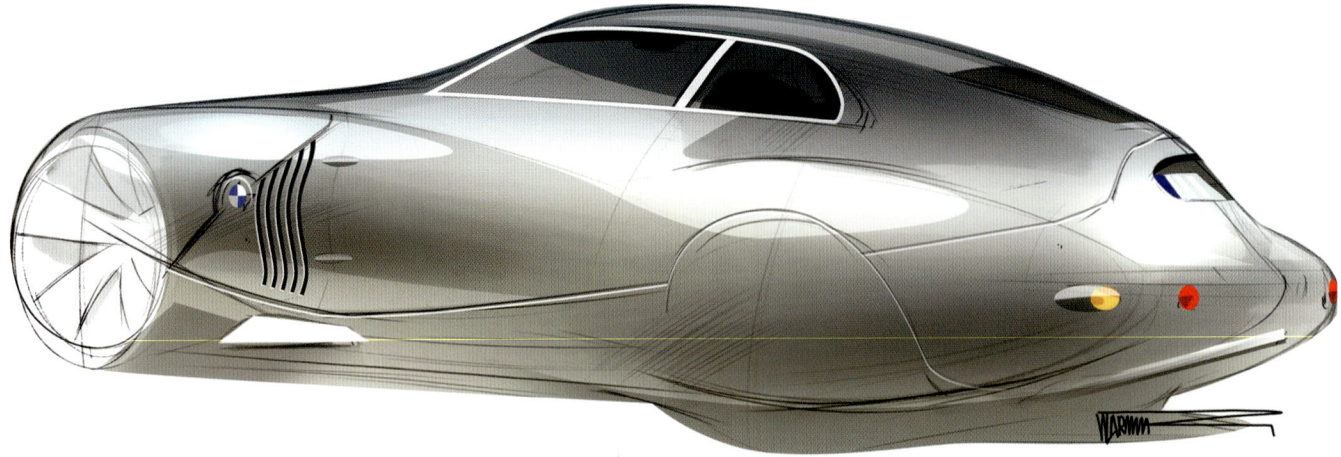

schen Formen in Verbindung mit den neuen Erkenntnissen zur Aerodynamik (dabei wurde besonderes Augenmerk der Karosseriegestalter auf den Seiten- und Heckbereich gelegt) und einer Weiterentwicklung der Designsprache entstand eine zeitlose Hommage an den Motorsport.

Gleich zwei neue Ansätze der Interpretation der Designphilosophie von BMW fanden sich im BMW Concept Coupé Mille Miglia von 2006 verwirklicht – GINA und Origami. GINA fand bereits, wie eingangs erwähnt, im X Coupé erstmals seine Anwendung – die Übertragung von Origami in die Welt des Automobilbaus war nun ein weiterer innovativer Ansatz von BMW Design.

Die traditionelle japanische Papierfalttechnik Origami wurde als Inspiration für die Metallverarbeitung im Interieur genutzt. Dabei wurden ganz ohne künstliche Verbindungen Formen und Strukturen geschaffen, die trotz aller Leichtigkeit eine beeindruckende Stabilität aufwiesen. Bei der Gestaltung der Interieur-Elemente haben die Designer somit den Einsatz traditioneller Werkstoffe und die Anwendung innovativer Verarbeitungstechnik miteinander kombiniert. Das Ergebnis dieser Synergie ist verblüffend und eröffnet völlig neue Möglichkeiten. Für die konzeptionelle Gestaltung neuer Interieurwelten stellte dieser Ansatz eine geradezu revolutionäre Lösung dar.

Wer nur ausgetretene Wege beschreitet, wird niemals eigene Fußstapfen hinterlassen. Diesem Leitsatz wurde mit dem BMW Concept Coupé Mille Miglia 2006 konsequent Rechnung getragen.

BMW Concept CS

Mit der Konzeptstudie BMW Concept CS präsentiert der deutsche Automobilhersteller erstmalig die Vision eines viertürigen Fahrzeugs, das die Exklusivität eines Gran Turismo des Luxussegments und die Faszination eines Hochleistungssportwagens in sich vereint. Aus dieser einzigartigen Kombination erwächst die Perspektive, die sprichwörtliche „Freude am Fahren" in einer bisher unerreichten Dimension zu erleben.

Mit der Konzentration auf ausdrucksstarkes Design, hochwertige Materialien sowie mit einer auf Perfektion ausgerichteten Verarbeitungsgüte wird das Verständnis

von Premium-Qualität manifestiert. Im Interieur der Konzeptstudie entstand ein von stilsicherem Luxus und kompromissloser Wertigkeit geprägtes Ambiente.

Das Design des BMW Concept CS untermauert die Kompetenz der Marke BMW bei der Entwicklung extrem sportlich ausgeprägter Fahrzeuge, die Platz für mehr als zwei Insassen bieten.

Wie kein anderer Viertürer zuvor bringt das BMW Concept CS in seinem Karosseriedesign ultimative Sportlichkeit zum Ausdruck. Eine flache, dynamisch gestreckte Silhouette, eine lange Motorhaube und eine Linienführung, die den für sportliches Fahren optimalen Heckantrieb betont, setzen deutliche Zeichen für höchste Dynamik in einer neuen Fahrzeugdimension. Im BMW Concept CS konzentrieren sich daher die elementaren Werte der Marke BMW. Überlegene Dynamik und hochwertige Eleganz werden in authentischer Form im Karosseriedesign der Studie verkörpert. Damit ist das BMW Concept CS der unvergleichliche Wegbereiter in eine neue Fahrzeugkategorie mit typischen BMW Werten.

Immer wieder neue, spannende Ansätze in der Formensprache zu erschließen und zu bedienen – das ist die Markenstrategie von BMW. Aus der Tradition heraus konsequent in die Zukunft zu weisen, seine Wurzeln konsequent fortzuentwickeln und dabei den Geist offen zu halten – das ist das Geheimnis des Erfolges. Neue Impulse brauchen schöpferische Energie – auch gerade jenseits des elitären Elfenbeinturms der Automobildesigner – denn nur aus dem Dialog entsteht das Neue.

Coupé CS : Ultrasportlich, viersitzig, auf der Straße.

Fein-Design: Futuristisches Luxusklasse-Bedienumfeld.

REGISTER

DANKSAGUNG UND BILDNACHWEIS

Informationen und/oder Bildmaterial stellten freundlicherweise für dieses Buch zur Verfügung:

Kurt Abenthum, München
Alpina Burkard Bovensiepen GmbH+Co., Buchloe
Heinz Baur + Karl Baur, Karosserie Baur GmbH, Stuttgart
Bayer AG, Leverkusen, Presseabteilung
Pressehaus Bayerstraße, München
BMW AG Konzernarchiv, München
BMW Group Designkultur und -kommunikation, München
BMW Group Konzernkommunikation und Politik, München
Dr. Klaus Böning, Garching
Werner Böning, München
Alfred Broede, BMW Öffentlichkeitsarbeit
Prof. Dipl.-Ing. Patrick Deby, München
Deutsches Museum, München
Dr. Christian Eick, Wilhelm Karmann GmbH, Osnabrück
David Ettelmann, Hewlett USA
Tadano Faun GmbH, Lauf
Siegfried Fischer, Hohenschäftlarn
Hans Fleischmann, Gilching
Bruno Franzel, München
Richard Gerstner, BMW Mobile Tradition, München
Dr. Bettina Gundler, München
Michael Haitel, Murnau
Wolfgang Hirmer, München
Friedbert Holz, BMW Öffentlichkeitsarbeit
Karl-Wilhelm Hossfeld, Soyen
Dipl.-Ing. Manfred Huber, München
Werner Ihle, Philippsburg
Lutz J. Janssen, München
Rudolf Jordan, München
Dipl.-Ing. Karl H. Kapfhammer, BMW Technik GmbH, München
Erwin Kauderer, Burgkirchen
Leslie Mark Kendall, Los Angeles
Kinowelt Home Entertainment, Leipzig
Achim Klett, Geretsried
Horst Knöbel, Rheda-Wiedenbrück
Johann König, Günding
Frau Krautz, Verkehrsmuseum Dresden
Herr Kupferschmidt, BMW M GmbH, München
Paul Lang, München
Jacob Maier, EFA-Automobilmuseum, Amerang
McLaren Cars
Assessor Gerhard Mordhorst, ADAC- Bibliothek, München
Stadtarchiv München
Natural History Museum, USA
Automobilhistorisches Archiv Hans-Otto Neubauer, Hamburg
Konrad Neureiter, München
Anton Oberschmid, München
Dr. Gian Beppe Panicco, Carozzeria Bertone, Grugliasco
Hans Pömmerl, München

Dipl.-Ing. Otto Pukl, BMW M GmbH, München
Manfred Rennen, Karlshuld
Maria Cristina Roasenda, Italdesign s.p.a., Moncalieri
Paul Rosche, München
Franco Sbarro, A.C.A. CH-Les Tuileries-de-Grandson
Frau Schillinger, Herr Paul, Herr Barf, BMW Museum München
Herr Schwarz, Archiv IVECO Magirus AG, Ulm
Wolfgang Seehaus, Karlsfeld
Franziska Seifert, München
Helge Siesenop, Köln
Süddeutscher Verlag, München
Ludwig Tamminga, Uplengen
Hanns-Peter von Thyssen- Bornemissza, München
Fritz Ullrich, München
Kristina Weith, München
Hermann Wenzelburger, Scharnhausen
Henning Zaiss, Klassik-Garage, Darmstadt
Hannes Ziesler, München
Peter Zollner, BMW Archiv, München

Viele Fotos wurden vom Autor exklusiv für dieses Buch aufgenommen. Weitere Abbildungen stammen aus seiner Sammlung.

Deutsche Legenden

Kaufberatung: VW Bus T3   Restauriert: Wartburg 311-2 Kabriolett

Juli | Aug.
4 | 2007
EUR 3,90

Österreich: EUR 4,60
Belgien: EUR 4,60
Luxemburg: EUR 4,60
Griechenland: EUR 5,80
Spanien: EUR 5,20
Finnland: EUR 5,20
Italien: EUR 6,00
Dänemark: DKK 43,00
Tschechien: cżk 160,00
Schweiz: SFr 7,60

AutoClassic

DAS MAGAZIN FÜR HISTORISCHE DEUTSCHE AUTOMOBILE

Ein Magazin von: GeraMond

OLDTIMER-GALA SCHWETZINGEN

100 Freikarten zu gewinnen!

SERVICE:
Mobile
Navi-Geräte
Motorenöle
für Oldtimer

GEBURT EINER LEGENDE

Porsche 911

| Geschichte | Technik | Preise | Einstelldaten |

RARITÄT:
Opel Oympia
Rekord Cabrio

GALERIE:
Einzigartig –
Mercedes
190 SL mit
Anhänger

SCHATZTRUHE:
Das Audi Museum

REISE:
Kurvenspaß im
BMW Z1: Schwarz-
waldhochstraße

Restaurierungs-Berichte
und umfangreiche Kauf-
beratungen

Club-Reportagen,
Werkstatt-Porträts,
Treffen und Termine
Großer Kleinanzeigenteil

Und wie immer:
100 % Deutsche
Klassiker!

Am Kiosk!

... oder unter **www.autoclassic.de**

Fesselnde Zeitreisen in die Kraftfahrzeug-Historie

Endlich erzählt: die Geschichte vom »Wiederaufbaumotorrad«
bis zum Ende der großen Traditionsmarken!
Eine Lücke in der Zweiradhistorie ist geschlossen.

Friedrich Ehn
Auf Zweirädern ins Wirtschaftswunder
Mopeds und Motorräder der Nachkriegszeit
144 Seiten, ca. 160 Abb., 22,3 x 26,5 cm,
Hardcover mit Schutzumschlag
ISBN 978-3-7654-7784-3

Das »Handbuch für Kraftfahrer« ist eine fesselnde Zeitreise
in die 30er- und 40er-Jahre. Wir drucken das damalige Standard-
werk der Kfz-Technik originalgetreu nach.

Handbuch für Kraftfahrer
Reprint der Ausgabe aus dem Jahr 1942
368 Seiten, ca. 485 Abb.,
17,0 x 24,0 cm,
Hardcover
ISBN 978-3-7654-7800-0